城市道路与交通
课程实践手册

Urban Road and **Transport**
Curriculum Practice Manual

龚迪嘉　编著

中国建筑工业出版社

图书在版编目（CIP）数据

城市道路与交通课程实践手册/龚迪嘉编著. —北京：
中国建筑工业出版社，2015.1
ISBN 978-7-112-17580-2

Ⅰ.①城… Ⅱ.①龚… Ⅲ.①城市道路–交通规划–高等
学校–教学参考资料 Ⅳ.①TU984.191

中国版本图书馆CIP数据核字（2014）第290216号

责任编辑：焦　扬
责任校对：李欣慰　张　颖

城市道路与交通课程实践手册

龚迪嘉　编著

*

中国建筑工业出版社出版、发行（北京西郊百万庄）
各地新华书店、建筑书店经销
北京锋尚制版有限公司制版
北京画中画印刷有限公司印刷

*

开本：787×1092毫米　1/16　印张：12　字数：289千字
2015年4月第一版　2015年4月第一次印刷
定价：48.00元
ISBN 978-7-112-17580-2
（26788）

城市交通对城市环境、空间利用、城市活力及品质有十分重要的影响，也是实现众多城市政策目标及从宏观的区域规划到微观的城市设计和详细规划的基础。城市交通与城市空间规划设计是城市规划中不可或缺的两个重要方面，城市空间难以独立于城市交通而存在，脱离一定城市环境的交通建设也难以达到期望的效果。然而由于专业设置的原因，在实践中我们经常可以看到由于两者相互隔离所造成的不便和低效的城市建设模式。因此，城市规划专业的学生有必要在学习阶段对城市交通的问题、技术方法和规划策略，及交通对城市发展的影响有比较深入的了解。城市交通的教科书给我们提供了一个分析城市交通的基本方法，其中的概念和原理、计算公式和技术参数，有利于我们建立一般的分析框架，然而，城市交通还涉及一个城市的建成环境条件、管理能力和城市中个人的行为等。城市交通是一门实践性很强的课程，在一个城市或地区十分有效的措施，在另外的环境中，其作用和效果可能十分有限。犹如我们必须通过大量科学实验才能了解和探讨到其中的固有规律性，所以在城市交通教学中有系统地安排实践课程是非常必要的。

龚迪嘉先生是一位在教学上很有心也很用心的老师，他通过多年教学经验，循序渐进地介绍城市交通规划和研究中九大重要的交通调查和规划设计内容。其中对居民出行特征的调查，可以使我们了解居民交通需求的特征，了解不同人群在城市中的交通方式和出行距离的差异性，这些调查的结果也帮助我们分析城市空间布局与交通的关系。城市公共交通服务质量的提高，不仅涉及线路或站场的布局规划，而且和运营组织与管理密切有关，通过这方面的调查可以使学生了解城市空间布局与公共交通运营组织的关系，从而有利于支撑以公共交通为导向的城市空间规划模式的建立。在我国，城市非机动化交通依然起到很大的作用，也是许多社会群体赖以生存的交通方式，这方面的调查有利于学生对城市非机动化出行环境及城市非机动化交通作用和地位的思考。通过本书所介绍的各项调查工作可以增加学生对城市交通的感性认识，对调查中所暴露问题的深入思考能激发学生们的探究兴趣，从而促进城市规划和城市交通工作的进一步完善，以便更好地服务于广大市民的生产和生活活动。

同济大学城市规划系教授
世界交通研究会执行委员
法国动态城市基金会中国教席负责人

　　"城市道路与交通"课程是高等学校城乡规划学科专业指导委员会指定的城乡规划专业核心课程，推荐教学课时为64学时。从全国城乡规划专业办学院校的培养计划来看，大多数高校于大学三年级第一学期开设该课程，课程所涵盖的知识点在后续控制性详细规划、城市总体规划、城市设计等核心课程中有大量应用，且与同学期开设的城市工程系统规划、城市修建性详细规划有着密切的联系。

　　然而，笔者在多年的教学实践中发现，该课程知识容量大，但课时有限，仅靠教师采用讲授式教学方法难以获得良好的教学效果。该课程所涵盖的知识点大多能在现实生活中得以观察和验证，且实践证明，结合理论授课安排一定量的实践环节，提升学生的参与度和积极性，对学生掌握相关知识和技能能起到事半功倍的效果，也能有效培养学生的调研、分析、设计、评价等能力。

　　本实践手册紧扣城乡规划专业"城市道路与交通"课程的重要知识点和当下城乡交通发展的趋势，根据实践的难易程度，由浅入深、循序渐进地安排9个实践环节，分别为：

　　实践1：城市道路横断面与路段交通量调研；

　　实践2：城市道路平面交叉口调研；

　　实践3：城市居民出行特征调查问卷设计；

　　实践4：城市机动车停车场（库）调研；

　　实践5：城市公共交通规划、运营与管理调研；

　　实践6：城市公共交通枢纽规划与设计；

　　实践7：城际快速铁路车站核心区规划与设计；

　　实践8：城市自行车道路交通系统规划与设计；

　　实践9：建设项目交通影响分析。

　　其中，实践1~3要求学生在现状调查的基础上，对现状进行描述，巩固所学的理论知识，以认知和简单分析（如计算、验证）为主要教学目标；实践4、5要求学生在实地观察的基础上，加入问卷、访谈等公众参与的手段，综合性地对规划设计、运营管理等的成败进行剖析，提出在未来规划设计中可借鉴之处或应避免的问题，进而培养学生对规划设计方法、现行规范合理性、运营管理制度与策略等方面提出自己的思考；实践6~8则主要训练学生对规划设计的相关原理与方法，结合特定设计的理念和对问题的思考加以综合，并完成规划设计的实际项目；实践9旨在训练学生对业已形成的规划设计方案，从道路交通运行的角度给予分析与评价，并提出方案的改进与完善措施，为规划设计的审批与管理部门提供参考。每个实践均由实践背景与目的、基本知识概要、实践步骤、实践内容、实践案例分析、实践作业要求等部分组成。

　　由于本课程实践内容与城乡规划的各相关课程衔接紧密，为培养学生融会贯通和综合运用知识解决问题的能力，也可协调"城市道路与交通"课程和相关课程的教学计划，将上述实践在相关课程开设的学期内与课程设计相互穿插，或作为前期调研为课程设计服务，或作为课程设计的一个组成部分，如实践4可与居住区规划设计、公共建筑设计课程同步进行，实践6、7可与城市设计课程同步进行，实践8可与控制性详细规划课程同步进行，实践9可与修建性详细规划课程同步进行等。

　　本书的9个实践环节可供教师与学生根据各专业具体的教学计划、课时安排等灵活选用。由于作者水平所限，书中疏漏和不足之处请读者斧正。

| 目 录 |

Practice 1

实践1：

城市道路横断面与
路段交通量调研

1 实践背景与目的

随着城市化进程的加速，我国各城市道路建设已进入高速发展与不断完善时期，因此与之相适应的，为路网的规划、建设、管理服务的交通调查便显得越来越重要。交通调查的目的在于通过长期连续性观测或短期间歇性和临时性观测，搜集交通量资料，了解交通量在时间、空间上的变化规律和分布规律，为交通规划、道路建设、交通控制与管理、工程经济分析等提供必要的数据。

一条车道的通行能力是道路规划、设计及制定交通安全管理和交通控制的基本依据，其具体数值随道路等级、线形、交通状况的不同而有显著变化。因此，通过对多种交通在同一横断面不同时间段（高峰、平峰）进行连续性观测，掌握交通调查的技术和技能，从而正确评估道路交通状况，了解交通量在时间、空间上的变化规律和分布规律，分析判断道路的横断面设计是否满足现状交通运行和能否适应未来交通需求，为交通规划设计、建设、管理和交通流理论研究等各方面提供准确的数据信息。具体如下：

（1）通过对若干条不同区位、不同等级（快速路、主干路、次干路、支路）的城市道路的横断面形式进行调查与分析，掌握道路横断面的组成部分，包括人行道、非机动车道、机动车道、中央分隔带等；分析道路横断面设计中路权分配的合理性，探讨"以人为本"建设理念的落实效果。

（2）通过实地观察，统计各路段的机动车、非机动车交通量，结合通行能力的计算，分析判断道路的规划设计是否满足交通需求。发现路段设计与管理中的现存问题，结合已有的规划和未来发展的设想，提出有针对性的改进措施或改建方案。

2 实践基本知识概要

2.1 城市道路横断面的形式

道路横断面根据交通组织特点的不同，可以分为下列4种形式：

（1）单幅路：车道上不设分车带，以路面画线标志组织交通，或虽不作画线标志，但机动车在中间行驶，非机动车在两侧靠右行驶的道路。该断面类型适用于交通量不大的次要道路。

（2）双幅路：用中央分隔带分隔对向机动车车流，将车行道一分为二的道路。该断面类型适用于横向高差大、迁就地形现状而建成的道路，但不宜用于城市中心及临街吸引人流公共建筑较多的街道。

（3）三幅路：用两条分隔带分隔机动车和非机动车流，将车行道分为三部分的道路。该断面类型适用于路幅较宽（36m及以上）的道路，多用于机动车和非机动车流量均较大的主干路，但不宜用于地形复杂的山坡干路。

（4）四幅路：用三条分隔带使机动车对向分流、机非分隔的道路。该断面类型适用于快速路和大城市交通量大的主干路。

2.2 交通量的换算

在对道路断面的机动车进行流量统计时，所得的交通量为混合交通量。为便于计算，应将各车种在一定的道路条件下的时间和空间占有率进行换算，将各种车辆换算为单一车种，即当量交通量（pcu）。我国《城市道路工程设计规范》CJJ 37—2012规定，交通量换算应采用小客车为标准车型，各种车辆的换算系数如表1所示。

表1　车辆换算系数

车辆类型	小客车	大型客车	大型货车	铰接车
换算系数	1.5	2.0	2.5	3.0

2.3 机动车道路通行能力与服务水平

在计算机动车道路通行能力时，通常按照"可能通行能力—设计通行能力"的步骤进行。可能通行能力是通常道路交通条件下，单位时间内通过道路一条车道或某一断面的最大可能车辆数，其计算方法为

$$N_p=3600/t_i$$

式中：N_p——一条车道可能通行能力（pcu/h）；

t_i——连续小客车车流的平均车头时距（s/pcu），取值如表2所示。

表2　按实测不同车速下小客车的车头时距

车速V（km/h）	20	25	30	35	40	45	50	55	60
车头时距（s）	2.61	2.44	2.33	2.26	2.20	2.16	2.13	2.10	2.08

设计通行能力指道路交通的运行状态保持在某一设计的服务水平时，道路上某一路段的通行能力。城市道路上，由于不同的道路等级要求的服务水平不同，以及单向车道数会在1~4条，此外还由于交叉口之间距离较近，车流会因交叉口影响而不能连续通行，故要考虑这些因素而对设计通行能力进行相应折减。受平面交叉口影响的机动车道设计通行能力的计算方法为：

$$N_n=N_p \cdot \alpha_c \cdot \alpha_m \cdot \alpha_a$$

式中：N_p——一条车道的可能通行能力（pcu/h）；

α_c——道路分类系数（取值如表3所示）；

α_m——通行能力车道折减系数（取值如表4所示）；

α_a——交叉口折减系数（取值如表5所示）。

表3　机动车道的道路分类系数

道路分类	快速路	主干路	次干路	支路
α_c	0.75	0.80	0.85	0.90

表4　车道通行能力折减系数

车道数	单向1车道	单向2车道	单向3车道	单向4车道
α_m	1.0	1.85	2.64	3.25

表5　交叉口折减系数α_a

S'_c	t_c/t_g	60/25	70/30	80/35	90/40	100/45	110/45	120/55
1200	V=60	0.69	0.67	0.66	0.64	0.63	0.61	0.60
	V=50	0.74	0.73	0.71	0.70	0.68	0.67	0.66
800	V=60	0.59	0.58	0.56	0.54	0.53	0.51	0.50
	V=50	0.66	0.64	0.62	0.60	0.59	0.57	0.56
	V=40	0.72	0.70	0.69	0.67	0.66	0.64	0.63
500	V=40	0.62	0.60	0.58	0.56	0.54	0.53	0.51
	V=30	0.70	0.68	0.67	0.65	0.63	0.61	0.60
300	V=30	0.59	0.57	0.54	0.52	0.51	0.49	0.47
	V=20	0.70	0.68	0.66	0.64	0.62	0.59	0.59

注：t_c为信号灯周期（s），t_g为绿灯时间（s），V为计算行车速度（km/h），S'_c为交叉口间距（m）。

机动车道的服务水平通常由速度、行驶时间、驾驶自由度、交通间断、舒适和方便以及安全等要素综合反映。在设计车速确定的前提下，主要与路段上的交通量大小即负荷度V/C（Volume/Capacity）有关，可根据其值从小到大，分自由流（A级）、基本不受影响的稳定流（B级）、受影响的稳定流（C级）、高密度的稳定流（D级）、非稳定流（E级）、强制流（间断阻塞流）（F级）等级别，其中C级服务水平常作为城市道路设计的服务流量标准，D级服务水平在交通运行中短期出现尚可忍受。

2.4　非机动车道通行能力与服务水平

根据《城市道路工程设计规范》CJJ 37—2012，受平面交叉口影响的一条自行车道的路段设计通行能力，当有机非分隔设施时，应取1000～1200 veh/h；当无分隔时，应取800～1000 veh/h。

路段自行车服务水平分级标准如表6所示。

表6　自行车道路段服务水平

指标　　服务水平	一级 （自由骑行）	二级 （稳定骑行）	三级 （骑行受限）	四级 （间断骑行）
骑行速度（km/h）	>20	20～15	15～10	10～5

续表

指标＼服务水平	一级（自由骑行）	二级（稳定骑行）	三级（骑行受限）	四级（间断骑行）
占用道路面积（m²）	>7	7~5	5~3	<3
负荷度	<0.40	0.55~0.70	0.70~0.85	>0.85

3 实践步骤、内容与成果要求

3.1 实践步骤与内容（表7）

表7 实践步骤与内容

实践步骤	细化内容	本步骤目标
（1）区位分析及周边现状分析	分析调研道路在城市道路系统中的位置，绘制区位分析图	①了解调研道路在城市道路系统中的位置；②了解周边影响调研路段交通流量的外部因素
	分析调研路段周边的交通吸引点的分布，绘制现状索引图	
	分析道路等级及调研道路与其他主要道路的连接关系	
（2）道路横断面形式的分析	分析道路横断面形式及其特点	明确调研路段各交通方式的路权划分及道路各组成部分的具体尺寸
	测绘道路各组成部分的具体尺寸，绘制道路平面图与横断面图	
（3）路段交通量的观测与统计	分别在平峰和高峰时段，以5min为1组，每个方向至少连续观测3组，记录各种机动车、非机动车分车种的交通量	统计机动车、非机动车的交通量，作为计算与校核路段通行能力以及分析路段交通流特征的基础数据
（4）机动车路段通行能力的计算与路段服务水平的评价	将分车种交通量换算成单一交通量（pcu）	通过实测交通量与设计通行能力的比较，判断在现状道路交通运行情况下，平峰期和高峰期机动车的路段服务水平
	计算可能通行能力	
	计算设计通行能力	
	估算单向车道数	
	复算通行能力	
	验算服务水平	
（5）非机动车路段服务水平评价	将分车种交通量换算成单一交通量（辆），并与规范推荐的通行能力进行数值比较	通过实测交通量与规范推荐的通行能力的比较，判断在现状道路交通运行情况下，平峰期和高峰期非机动车的路段服务水平
（6）调研路段的车流特征分析	分析调研路段不同类型车辆的流量特征	了解调研路段的交通流特征，为判断横断面设计的合理性与设计方案的修订完善提供支撑
	分析调研路段不同方向车辆的流量特征	
（7）现存问题分析与规划策略探析	判断路权分配方面是否存在不合理之处并研究改善措施	结合现状调研与已有规划方案，发现道路横断面设计中的不合理之处，并在现状约束条件下提出可行的改进策略
	判断横断面不同部分的设计与管理是否存在问题并研究改善措施	
	分析其他现存问题并研究改善措施	

3.2 实践成果的基本要求

（1）调研道路的区位分析及周边现状索引。

（2）调研道路路段的平面图与横断面测绘。

（3）调研道路机动车、非机动车交通量的观测与统计。

（4）调研道路路段机动车、非机动车的通行能力计算与服务水平的评价。

（5）调研道路路段的车流特征分析。

（6）调研道路的现状问题分析与初步对策。

4 实践案例：浙江省金华市人民西路（双龙北街—五一路）道路横断面与交通量调研

4.1 区位分析

人民西路（双龙北街—五一路）（下简称"调研路段"）（图1）位于浙江省金华市婺城区（图2）。人民西路是金华市"三横三纵"城市东西向主干道之一。调研路段北侧、西侧分别与金华市重要的对外交通枢纽——金华火车西站和汽车西站相连接，向东连接跨越婺江、贯通江南江北两大片区的城市南北向主干道八一北街。调研路段的横断面形式为三幅路，机动车道与非机动车道间用绿化隔离带分隔，双向机动车道间用双黄线隔离，双龙北街与五一路两个交叉口间距为350m。

从调研路段周边现状来看，北侧主要为底层商业加多层住宅形式，南侧主要由天悦五星大酒店、久鼎公馆、仙都宾馆、中国农业银行金华城西支行等公共建筑组成（图3）。因此，该道路除承担了城市东西向的干道交通功能和对外交通枢纽的集散功能外，还兼顾了沿路公共建筑和居住区的到达性交通，每日行驶于该路段的车种类型多样，机动车交通流量较大。

图1 调研路段实景

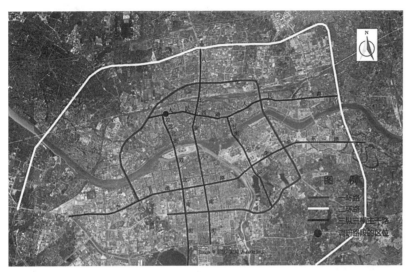

图2　调研路段在金华城市骨架路网中的位置

图3　调研路段地区的索引图

4.2 调研路段的道路平面与横断面图

通过实测，绘制调研路段的道路平面图与道路横断面图（图4、图5）。

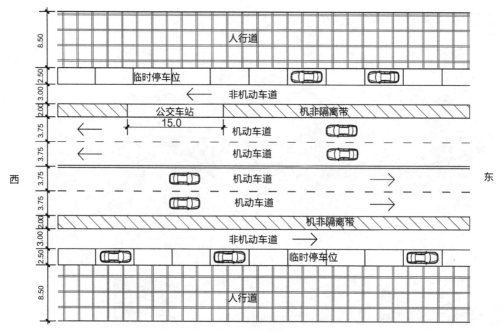

图4 调研路段局部平面图（单位：m）

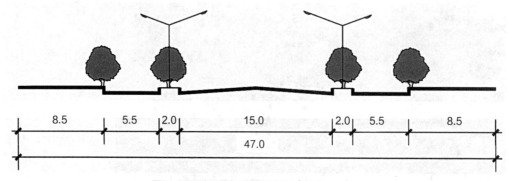

图5 调研路段的标准横断面图（单位：m）

4.3 调研路段交通量的观察与统计

日期：2012年9月24日。

调研时段：平峰时段（15：10～15：50）、高峰时段（17：35～18：15）。

道路断面形式：三幅路。

天气：晴。

观察者：×××。

观察者分别在平峰时段和高峰时段，以5min为1组，连续观察3组交通量数据（即每个方向观察15min），具体观察时间和对应的路段交通量统计如表8、表9所示。

表8 平峰时段调研路段15min交通量一览表（单位：辆）

		车流方向：由东向西				车流方向：由西向东			
		观测时间				观测时间			
		15：10~15：15	15：15~15：20	15：20~15：25	总计	15：35~15：40	15：40~15：45	15：45~15：50	总计
铰接车	客	0	0	0	0	0	0	0	0
	货	0	0	0	0	0	0	0	0
大型车	客	5	2	3	10	6	3	7	16
	货	5	2	3	10	3	4	1	8
小型车	客	74	79	76	229	82	83	81	246
	货	5	5	3	13	7	2	5	14
摩托车		17	16	20	53	15	14	15	44
非机动车		13	9	13	35	20	20	20	60

注：铰接货车指7~14t的铰接货车、拖挂车，大型客车指单节公交车和19座以上的单节客车，大型货车指2~7t的货车，小型客车指19座以下的客车，小型货车指小于2t的货车；非机动车包括人力自行车和电动自行车。

表9 高峰时段调研路段15min交通量一览表（单位：辆）

		车流方向：由东向西				车流方向：由西向东			
		观测时间				观测时间			
		17：35~17：40	17：40~17：45	17：45~17：50	总计	18：00~18：05	18：05~18：10	18：10~18：15	总计
铰接车	客	0	0	0	0	0	0	0	0
	货	0	0	0	0	0	0	0	0
大型车	客	3	6	3	12	5	4	3	12
	货	0	0	1	1	0	2	0	2
小型车	客	95	90	105	290	104	99	82	285
	货	0	7	3	10	4	5	3	12
摩托车		35	33	34	102	36	15	15	66
非机动车		17	26	25	68	21	35	32	88

注：铰接货车指7~14t的铰接货车、拖挂车，大型客车指单节公交车和19座以上的单节客车，大型货车指2~7t的货车，小型客车指19座以下的客车，小型货车指小于2t的货车；非机动车包括人力自行车和电动自行车。

4.4　调研路段通行能力计算与核查

由于该道路断面为三幅路形式，故应分别计算机动车交通量与非机动车交通量，各种车辆的换算系数以小客车为标准车型，参照《城市道路工程设计规范》CJJ 37—2012规定（表1）执行。具体计算过程如下。

4.4.1　平峰时段

1. 机动车交通量

1）换算交通量

首先将观察所得交通量换算成以pcu/h为单位的标准交通量。

由东向西方向：　　　　　　　　　　　　　　由西向东方向：

大型客车：$10 \times 2.0 \times 4 = 80$　　　　　　　$16 \times 2.0 \times 4 = 128$

大型货车：$10 \times 2.5 \times 4 = 100$　　　　　　$8 \times 2.5 \times 4 = 80$

小型客车：$229 \times 1 \times 4 = 916$　　　　　　$246 \times 1 \times 4 = 984$

小型货车：$13 \times 1 \times 4 = 52$　　　　　　　$14 \times 1 \times 4 = 56$

摩托车：$53 \times 0.5 \times 4 = 106$　　　　　　$44 \times 0.5 \times 4 = 88$

总计（机动车）：1254pcu/h　　　　　　　1336pcu/h

2）计算可能通行能力

利用牌照法对区间车速进行实地测定，发现该路段的车速约为30km/h，查"按实测不同车速下车头时距计算可能通行能力表"（表2）得车头时距2.33s，则一条车道的可能通行能力为：$N = 3600/t_i = 3600/2.33 = 1546$（pcu/h），取1550pcu/h。

3）计算设计通行能力

由于调研路段属于主干路，查阅"机动车道的道路分类系数表"（表3）知，主干路的道路分类系数为0.80。由于前方交叉口交通信号周期长60s，人民西路所分配到的绿灯时间为30s，根据车速$V = 30$km/h和调查所得的交叉口间距约为350m，查阅"交叉口折减系数表"（表5）知，交叉口影响系数为0.60，则$N_i = N \times 0.8 \times 0.60 = 1550 \times 0.8 \times 0.60 = 744$（pcu/h）。

4）根据设计通行能力估算单向车道数

$$n = Q/N_i = 1336/744 = 1.80（取整，定为2车道）$$

5）复算通行能力

对于单向2车道的道路，外侧车道通行能力应予以折减，折减系数为0.85，故单向2车道的通行能力为：$N = 744 \times (1 + 0.85) = 1377 > 1336$。实际通行能力大于交通量，说明能满足机动车平峰时段的通行要求。

6）验算服务水平

由东向西：Volume/Capacity = 1254/1377 = 0.91，服务水平较差，属于E级；

由西向东：Volume/Capacity = 1336/1377 = 0.97，服务水平较差，属于E级。

2. 非机动车交通量

非机动车交通量，由东向西方向为$35 \times 4 = 140$veh/h，由西向东方向为$60 \times 4 = 240$veh/h。

根据《城市道路工程设计规范》（CJJ 37—2012），受平面交叉口影响的一条自行车道的路段设计通行能力，有分隔设施时推荐值为1000～1200veh/（h·m）；以路面标线划分机动车道与非机动车道时，推荐值为800～1000veh/（h·m）。

调研路段有机非分隔设施，非机动车道宽度为5.5m，即5条自行车通行带，其设计通行能力略小于5000～6000veh/h（因考虑到自行车同向行驶间的相互干扰，须相应折减），而目前的非机动车流量由东向西方向仅为140veh/h，由西向东方向仅为240veh/h，远低于设计通行能力，负荷度较低。但由于停放在临时停车位上的小汽车占用了2.5m宽的非机动车通行带，且车辆的出入会对自行车交通造成干扰，在平峰时段测得的骑行速度一般能达到15～20km/h，其服务水平可评价为二级（稳定骑行）。

4.4.2 高峰时段

1. 机动车交通量

1）换算交通量

首先将观察所得交通量换算成以pcu/h为单位的标准交通量。

由东向西方向：	由西向东方向：
大型客车：$12 \times 2.0 \times 4 = 96$	$12 \times 2.0 \times 4 = 96$
大型货车：$1 \times 2.5 \times 4 = 10$	$2 \times 2.5 \times 4 = 20$
小型客车：$290 \times 1 \times 4 = 1160$	$285 \times 1 \times 4 = 1140$
小型货车：$10 \times 1 \times 4 = 40$	$12 \times 1 \times 4 = 48$
摩托车：$102 \times 0.5 \times 4 = 204$	$66 \times 0.5 \times 4 = 132$
总计（机动车）：1510pcu/h	1436pcu/h

2）计算可能通行能力

利用牌照法对区间车速进行实地测定，发现该路段的车速约为25km/h，查"按实测不同车速下车头时距计算可能通行能力表"（表2）得车头时距2.44s，则一条车道的可能通行能力为：$N = 3600/t_i = 3600/2.44 = 1476$（pcu/h），取1480pcu/h。

3）计算设计通行能力

由于调研路段属于主干路，查阅"机动车道的道路分类系数表"（表3）知，主干路的道路分类系数为0.80。由于前方交叉口交通信号周期长60s，人民西路所分配到的绿灯时间为30s，根据车速$V = 25$km/h和调查所得的交叉口间距约为350m，查阅"交叉口折减系数表"（表5）知，交叉口影响系数为0.65，则$N_i = N \times 0.8 \times 0.60 = 1480 \times 0.8 \times 0.65 = 770$（pcu/h）。

4）根据设计通行能力估算单向车道数

$$n = Q/N_i = 1510/770 = 1.96（取整，定为2车道）$$

5）复算通行能力

对于单向2车道的道路，外侧车道通行能力应予以折减，折减系数为0.85，故单向2车道的通行能力为：$N = 770 \times （1 + 0.85） = 1424 < 1510$。实际通行能力小于交通量，说明由东向西方向不能满足机动车高峰时段的通行要求；而由西向东方向交通量为1436pcu/h，已相当于路段的通行能力。

6）验算服务水平

由东向西：Volume/Capacity = 1510/1424 = 1.06，服务水平较差，属于F级；

由西向东：Volume/Capacity=1436/1424=1.01，服务水平较差，属于F级。

2．非机动车交通量

非机动车交通量由东向西方向为68×4=272veh/h，由西向东方向为88×4=352veh/h。

根据《城市道路工程设计规范》（CJJ 37—2012），受平面交叉口影响的一条自行车道的路段设计通行能力，有分隔设施时推荐值为1000～1200veh/（h·m）；以路面标线划分机动车道与非机动车道时，推荐值为800～1000veh/（h·m）。

调研路段有机非分隔设施，非机动车道宽度为5.5m，即5条自行车通行带，其设计通行能力略小于5000～6000veh/h（因考虑到自行车同向行驶间的相互干扰，须相应折减），而目前的非机动车流量由东向西方向仅为272veh/h，由西向东方向仅为352veh/h，远低于设计通行能力，负荷度较低。但由于停放在临时停车位上的小汽车占用了2.5m宽的非机动车通行带，且车辆在高峰期会恰逢周边公共建筑的下班时间以及一些居住区的进出车流频繁，而时常对自行车交通造成干扰，在高峰时段测得的骑行速度仅能达到12km/h左右，其服务水平可评价为三级（骑行受限）。

4.5　调研道路路段的车流特征分析

对比平峰与高峰时段15min内不同种类车辆的流量特征（图6），可见高峰时段内通过的小型车、摩托车、非机动车数量均多于平峰时段，这是由于通勤出行在高峰时段的集中所致。平峰时段通过的大型车多于高峰时段，根据表8、表9所示大型客车与货车的具体数据可知，平、高峰时段内通过的大型客车（常规公交车）的数量无较大差距，说明常规公交车在发车间隔、发车数量方面是较为固定的。平峰时段内通过的大型货车远多于高峰时段，说明城市的货运交通通常会选择在非高峰期间通行，以减少高峰时段对城市道路交通的压力。从图6中可知，行驶于该路段的车辆种类多样，在高峰时段内通过的车辆虽多于平峰时段，但是从服务水平的分析上可见，该路段在平峰时段服务水平已属于E级，高峰时段属于F级，说明该路段一直处于交通负荷较大的状态（因其除承担城市内部常规的通勤和货运交通外，还承担了连接对外交通枢纽的集疏运交通，以及沿路公共建筑和居住区的到达性交通），稍有交通意外（如车辆抛锚或碰擦等）即会导致道路拥堵。

从图7可知，由西向东行驶的车辆与由东向西行驶的车辆，在总量上差距不大。从土地使

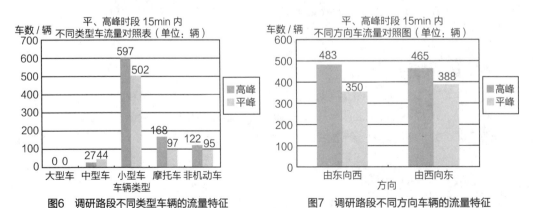

图6　调研路段不同类型车辆的流量特征　　　　图7　调研路段不同方向车辆的流量特征

用的现状来看，该道路的东、西两侧均分布着大量的居住区和就业岗位，因此无论是通勤还是弹性出行，在两个方向上基本能达到均衡。此外，金华市的对外交通枢纽——金华火车西站和汽车西站位于调研道路的西侧，进站车流与出站车流也能在该道路的两个方向上相对平衡。从这个角度来看，该道路断面设计成对称的形式是较为合理的。

4.6　调研现存问题与规划策略

4.6.1　非机动车道设置的临时停车带与人行道的违章停车

从功能上看，主干路应承担"通"而不是"达"的功能，故交通性主干路两侧应尽量减少公共建筑的布局。然而，由于早期对城市与交通建设认知的不足，在国内很多城市都可见到沿主干路两侧布置大量公共建筑的做法，加上早期对公共建筑停车场配建的管理不严，随着小汽车的快速发展，这些公共建筑到达交通的停车问题日益凸显。

调研路段上即存在这样的问题，道路南侧有中国农业银行金华城西支行、天悦五星大酒店等大型公共建筑，道路北侧有大量沿街店铺。现状是利用5.5m宽的非机动车道，开辟出一列平行式停车位，供使用沿街公共建筑的车辆临时停放（图8）。

从实际调研情况来看，这些停车位依然不能满足市民的停车需求，尤其是道路南侧的中国农业银行金华城西支行等吸引人流量较大的公共建筑，其建筑出入口两侧的人行道上停满了小汽车（图9）。由于两侧人行道较宽，达8.5m，车辆停放在人行道上虽然不会让人"无路可走"，但是车辆的进出对于行人尤其是老人、儿童等弱势群体的安全通行会造成较大的负面影响。此外，道路北侧的沿街店铺门前的人行道上也停满了车辆，导致非机动车无法正常出入原本以白线划定给非机动车停车的区域（图10），许多商家还违规在人行道上自行划定停车位（图11），极大地侵害了行人的通行权和自行车停车权。

目前来看，由于非机动车交通量远低于设计通行能力，占用5.5m非机动车道中的2.5m作为

图8　利用非机动车道辟出2.5m宽临时停车带

图9　人行道两侧空间被小汽车停车占据

图10　难以进入的自行车停车区

图11　私自划定的小汽车停车位

机动车临时停车带，理论上对非机动车的通行并不会产生影响，但在小汽车进出非机动车道时，仍然会与非机动车的流线产生冲突，影响非机动车的正常行驶，该现象在高峰时段尤其明显。

根据《金华市区公共交通专项规划（2013—2020）》，未来人民西路将作为BRT6号线的主要通道，从道路断面的使用来看，BRT线路至少需要占据3.5m宽的通行带，在车站处将占用更大的断面宽度，故未来非机动车和人行道的宽度必将发生改变（图12），平行式临时停车位不免要拆除，所以在BRT建设之前尽快完善公共建筑的路外配建停车场才是根本的解决问题之道。

4.6.2　公交站台的设计

主干路上设置公交车站应采用港湾式停靠站，以减少公共汽车停站对主干路通行能力的影响。在调研路段中，调研人员观察到该路段上的两个对向的公交站台均不是港湾式停靠站（图13），导致公共汽车停车时占用一条车道，后续车辆或等待，或变道到内侧车道行驶，降低了道路通行能力。此次调研路段人行道较宽，可通过局部缩窄人行道的方式，设置公交港湾式车站，建议采用的改进方案如图14所示。

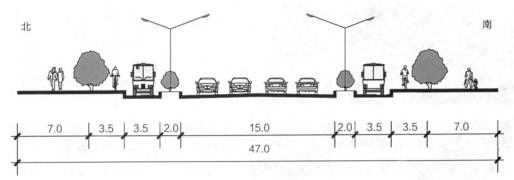

图12　未来开通BRT后的道路断面设计方案（单位：m）

图13　现状非港湾式公交车站

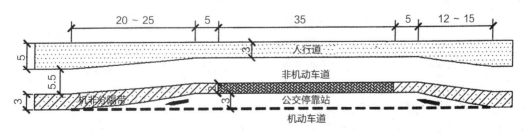

图14　压缩人行道空间但不展宽道路红线的港湾式停靠站改造方案（单位：m）

图15　不连续的盲道

4.6.3　人行道上盲道的设置

实地观察表明，调研路段人行道上的盲道多设置于靠近非机动车道的一侧，且盲道设置不连续，当盲道被周边小区或公共建筑的出入口打断以后，就成了"断头路"，盲人根本无法利用盲道正常步行（图15）。而且由于不断有小汽车违章在人行道上停车，车轮对人行道铺地的挤压导致部分人行道已变得坑坑洼洼，难以行走。

考虑到盲人、老人、小孩等弱势群体行走的安全，建议在修补人行道铺地的同时，将盲道移至人行道靠近公共建筑的一侧，并且将不连续的盲道尽快地修建成连续的、成系统的盲道，以确保盲人步行安全。同时，建议在人行道靠近非机动车道的一侧通过每间隔1～1.5m设置隔离柱，使车辆无法进入到人行道上随意停放，确保步行系统安全、完整。

5　实践作业：城市某主干路、次干路、支路道路横断面与交通量调研

请选择你所在城市的3条不同等级的道路（分别为主干路、次干路、支路各1条），进行实地观察与测量，分析其横断面的形式、特点及设计中的可借鉴或不合理之处，并比较不同等级道路在横断面设计（如路幅宽度、不同交通方式的路权分配等）上的差异性。在交通高峰时段和平峰时段分别统计其交通量，结合道路通行能力的计算，从道路容量的角度判断各交通方式的交通需求满足程度，并针对规划设计或管理中存在的问题，试图提出改进对策。

本实践的主要成果内容如下：

（1）调研路段区位分析及路段周边地区的索引图。

（2）调研路段的平面图与横断面图。

（3）调研路段机动车、非机动车在平峰时段与高峰时段的交通流量统计表。

（4）调研路段机动车、非机动车通行能力的计算及道路服务水平的评价。

（5）对该道路横断面设计优劣的相关分析及对现存问题的改进建议。

作业完成时间为1周，成果要求以*.doc报告形式和*.ppt汇报稿形式各1份提交。

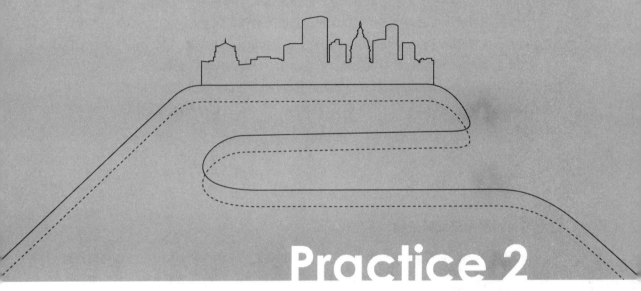

Practice 2

实践2：
城市道路平面交叉口调研

1 实践背景与目的

城市道路平面交叉口是道路网络中的结点，在路网中起着从线扩展到面的重要作用，各种车流、人流在该结点处相互交叉、相互影响，导致车速降低，通行能力也比路段要低。一个设计、运行与管理不良的平面交叉口是城市交通拥堵甚至交通事故易发的根源，而交通拥堵问题已成为困扰我国大中城市社会生活和经济发展的重要问题，必须引起足够的重视。

要处理好城市道路平面交叉口内的行人、非机动车和机动车交通各行其道、顺畅运行这个关键问题，首先必须观察既有交叉口交通运行问题的表象，进而由表及里地分析和阐述其设计或管理中的不足，最终寻求交叉口设计或管理改善的策略与途径。

本实践通过将城市道路平面交叉口的相关知识点融合在实地调查之中，培养学生发现问题、综合分析与解决问题的能力，将所学的相关理论知识运用于实践。具体而言，通过实地观察城市中的某个典型交叉口，对机动车、非机动车、行人的流量、流向进行记录、统计与分析，结合信号灯周期与相位的设计，校核平面交叉口的通行能力，调查该平面交叉口范围内各交通设施的布局、公共交通车站的设置等，判断其合理性，并针对现存问题提出初步的调整与改善策略。

2 实践基本知识概要

2.1 平面交叉口分类

平面交叉口按几何形状可分为十字形交叉（相交道路夹角在90°±15°范围内的四路交叉）、T形交叉（相交道路夹角在90°±15°范围内的三路交叉）、X形交叉（相交道路夹角小于75°或大于105°的四路交叉）、Y形交叉（相交道路夹角小于75°或大于105°的三路交叉）、错位交叉、多路交叉等。本实践所调研的交叉口为平面十字形交叉口。

2.2 信号灯的周期与相位

通常情况下，在信号灯控制的平面交叉口，信号灯的周期指各行车方向完成一组色灯变换所需要的总时间，即红灯、绿灯、黄灯显示时间之和。相位是指信号灯轮流给某方向的车辆或行人分配通行权的一种次序安排。交叉口每一组信号灯控制组合，称为一个相位。通常用"N个相位"来表示在一个信号周期内有N种不同通行权的组合。

2.3 平面交叉口展宽

由于道路上行驶的车辆到了信号灯控制的平面交叉口，有一半左右的时间要分配给横向道路上的车辆使用，为使交叉口的通行能力与路段通行能力相匹配，需要通过展宽交叉口进口道、增加车道数的方法提高交叉口通行能力，实现"时间不够空间补"。

展宽交叉口应考虑交叉口的交通量和分向比例，进口道允许的排队长度以及车辆所要求的每条车道的宽度。一般小汽车车道宽度采用3m，混入货车和铰接车的车道及左、右转车道宽度可采用3.5m，最小3.25m。

　　展宽位置包括向进口道左侧展宽和向进口道右侧展宽。前者包括压缩交叉口中央分隔带辟出左转专用道和中线偏移占用对向车道形成左转专用道两种手段；后者则是利用机动车道右侧的分隔带、人行道上的绿化带或拆迁部分房屋，增加一条车道。

　　通常情况下，交叉口进口道展宽长度应为左转或直行车停车长度与过渡段长度之和，出口道展宽长度为车辆加速所需长度与过渡段长度之和。在缺乏详细交通量时，一般而言，进口道展宽长度为从进口道外侧路缘石半径的端点向后展宽50～80m，出口道展宽长度为交叉口出口道外侧路缘石半径端点向前延伸30～60m，若出口道设置港湾式公交站后仍有3条及以上的车道，则可不展宽。

2.4　平面交叉口机动车设计通行能力

2.4.1　设计通行能力的计算方法

　　本实践采用停止线法计算平面交叉口通行能力，即以交叉口的停止线作为基准断面，无论左转、直行或右转，只要在有效绿灯时间内过了停止线，就认为已通过交叉口。计算通行能力时，首先计算直行车道通行能力，并在此基础上计算各种其他车道的设计通行能力。

　　1）直行车设计通行能力公式

$$N_{直} = \frac{3600}{T_{周}}\left(\frac{t_{绿} - t_{首}}{t_{间隔}} + 1\right)\alpha_{直}$$

式中：$N_{直}$——一条直行车道的设计通行能力（pcu/h）；

　　　$T_{周}$——信号周期（s）；

　　　$t_{绿}$——信号周期内的绿灯时间（s）；

　　　$t_{首}$——色灯变为绿灯后首辆车启动并通过停车线时间（s），可采用2.3s，它是大型车、小型车数各占据一半的平均值；

　　　$t_{间隔}$——直行车辆过停止线的平均间隔时间（s），$t_{间隔}$值由小汽车组成的车流为2.5s，由大型车组成的车流为3.5s；

　　　$\alpha_{直}$——直行车道综合折减系数，建议采用0.9。

　　2）直右车道设计通行能力公式

$$N_{直右} = N_{直}$$

式中：$N_{直右}$——一条直右车道的设计通行能力（pcu/h）。

　　3）左直车道设计通行能力公式

$$N_{左直} = N_{直}(1 - P_{左直}/2)$$

式中：$N_{左直}$——一条左直车道的设计通行能力（pcu/h）；

　　　$P_{左直}$——左直车道中左转车所占比例。

　　4）左直右车道设计通行能力公式

$$N_{左直右} = N_{左直}$$

式中：$N_{左直右}$——一条左直右车道的设计通行能力（pcu/h）。

　　当进口道设有专用左、右转车道时，设计通行能力按照本面车辆左、右转比例计算。

1）进口道设计通行能力公式：

$$N_{面左右} = \sum N_{直} / (1 - P_{左} - P_{右})$$

式中：$N_{面左右}$——设有专用左转车道与专用右转车道时，本面进口道的设计通行能力（pcu/h）；

$\sum N_{直}$——本面直行车道总设计通行能力（pcu/h）；

$P_{左}$——左转车占本面进口道车辆的比例；

$P_{右}$——右转车占本面进口道车辆的比例。

2）专用左转车道的设计通行能力公式：

$$N_{左} = N_{面左右} \cdot P_{左}$$

式中：$N_{左}$——专用左转车道的设计通行能力（pcu/h）。

3）专用右转车道的设计通行能力公式：

$$N_{右} = N_{面左右} \cdot P_{右}$$

式中：$N_{右}$——专用右转车道的设计通行能力（pcu/h）。

进口道设有专用左转而未设专用右转车道时，专用左转车道的设计通行能力按本面左转车辆比例计算：

$$N_{面左} = \sum N_{直右} / (1 - P_{左}); \quad N_{左} = N_{面左} \cdot P_{左}$$

式中：$N_{面左}$——设有专用左转车道时，本面进口道设计通行能力（pcu/h）；

$\sum N_{直右}$——本面直行车道及直右车道设计通行能力之和（pcu/h）。

进口道设有专用右转而未设专用左转车道时，专用右转车道的设计通行能力按本面右转车辆比例计算：

$$N_{面右} = \sum N_{左直} / (1 - P_{左}); \quad N_{右} = N_{面右} \cdot P_{右}$$

式中：$N_{面右}$——设有专用右转车道时，本面进口道设计通行能力（pcu/h）；

$\sum N_{左直}$——本面直行车道及左直车道设计通行能力之和（pcu/h）。

值得注意的是，当对面左转车每一周期超过3或4辆时，对本面进口道设计通过能力应进行折减，按下式计算：

$$N'_{面} = N_{面} - n_{直} (N_{左面} - N'_{左面}) \quad (当 N_{左面} > N'_{左面} 时),$$

式中：$N'_{面}$——折减后本面进口道的设计通行能力（pcu/h）；

$N_{面}$——本面进口道的设计通行能力（pcu/h）；

$n_{直}$——本面各种直行车道数；

$N_{左面}$——本面进口道左转车道的设计通行能力（pcu/h），$N_{左面} = N_{面} \cdot P_{左}$；

$N'_{左面}$——不必折减本面各种直行车道设计通行能力的对面左转车数（pcu/h），当交叉口较小时，每小时可通过3n辆（n为每小时信号周期数）；交叉口较大时，每小时可通过4n辆。

2.4.2　平面交叉口规划通行能力（推荐值）（表1）

表1　平面交叉口规划通行能力（单位：pcu/h）

相交道路的等级	交叉口的形式			
	T字形		十字形	
	无信号灯管理	有信号灯管理	无信号灯管理	有信号灯管理
主干路与主干路	—	3300～3700	—	4400～5000
主干路与次干路	—	2800～3300	—	3500～4400
次干路与次干路	1900～2200	2200～2700	2500～2800	2800～3400
次干路与支路	1500～1700	1700～2200	1700～2000	2000～2600
支路与支路	800～1000	—	800～1000	—

注：表中相交道路的进口道车道数，主干路3或4条、次干路2或3条、支路2条；通行能力按当量小汽车计算。

2.5　平面交叉口视距三角形

　　平面交叉口转角处由两条相交道路的停车视距所组成的三角形称为视距三角形，在视距三角形的范围内，有碍视线的障碍物应予以清除，以保证通视与行车安全。

　　视距三角形应以最不利的情况来绘制，方法如下：

　　（1）根据交叉口计算行车速度计算相交道路的停车视距。

　　（2）根据通行能力与车道数的计算划分进出口道车道（对于现状交叉口，则可直接实地观察进出口道的车道划分情况）。

　　（3）绘制直行车辆与左转车辆行车的轨迹线，找出各组的冲突点。

　　（4）从最危险的冲突点（对于平面十字交叉口而言，最危险的冲突点是在靠右侧的第一条直行机动车道的中线与相交道路靠中心线的一条左转车道中线的交点）向后沿行车轨迹线分别量取停车视距。

　　（5）连接末端，即构成视距三角形，在该范围内不得有阻碍视线的障碍物存在。

3　实践步骤、内容与成果要求

3.1　实践步骤与内容（表2）

表2　实践步骤与内容

实践步骤	细化内容	本步骤目标
（1）交叉口区位分析	分析调研交叉口在城市中的位置，绘制区位分析图 判断相交道路的等级	从所处区位及相交道路等级的视角初步判断交通流量的大小

实践步骤	细化内容	本步骤目标
（2）交叉口范围内及周边的现状认知	明确调研交叉口范围内及周边有哪些交通吸引点，绘制交叉口现状索引图	①认知交叉口附近的交通吸引点；②认知交叉口附近的基础设施，判断基础设施分布的合理性
	明确调研交叉口范围内及周边基础设施的分布情况，绘制基础设施分布图	
（3）交叉口平面图的测绘	明确调研交叉口各条道路进出口道的路权划分，并测量各部分的具体尺寸，绘制交叉口平面详图	①认知交叉口平面各要素，并判断进出口道宽度（含展宽部分）是否符合交叉口设计的相关要求；②校核现状设计是否符合交叉口设计的相关要求
	明确调研交叉口各进口道的车道行驶方向划分情况	
	测定路段的行车速度，计算道路缘石半径	
（4）交叉口范围外的道路标准横断面测绘	测绘调研交叉口范围外的道路横断面，绘制道路标准横断面图，与交叉口处的车道划分情况及宽度进行比较	分析交叉口展宽措施，并判断展宽设计是否符合交叉口设计的相关要求
（5）交叉口信号灯相位与周期分析	通过实地观察并计时的方法确定信号灯的相位及周期，绘制相位分布及组合图（表）	了解交叉口信号灯相位与周期，为调研流量、流向及后续通行能力的计算与分析奠定基础
（6）交叉口机动车与非机动车流量、流向分析	在各个交叉口进口道处安排调查人员，以人工计数方式对机动车、非机动车进行交叉口流量、流向的统计	了解机动车、非机动车的流量与流向，为通行能力的计算与校核提供原始数据
（7）交叉口机动车通行能力的计算	利用停车线法，计算各进口道通行能力与交叉口机动车总通行能力	与平面交叉口机动车通行能力推荐值进行比较，判断所调研的交叉口的交通运行畅通程度（服务水平）
（8）交叉口视距三角形检验	根据各进口道的车道划分找出冲突点，计算停车视距，并按步骤绘制视距三角形，检验是否满足交叉口行车安全要求	判断在夜间无信号灯控制时车辆驶过交叉口的安全性，若不满足，则应提出改善措施
（9）交叉口设计、运行与管理中的可借鉴点与存在问题的分析	分析调研交叉口在设计方面的成功之处及借鉴意义	①总结平面交叉口设计中的成功经验，为未来交通设计提供借鉴；②对现实中不合理的设计提出质疑，并利用所学知识探讨具有可行性的改进措施
	对设计思路正确但在运行、管理细节上仍有不足的部分进行剖析并提出完善措施	
	分析调研交叉口在设计和管理中存在的问题，剖析问题的成因并试图提出改善策略	

3.2　实践成果的基本要求

（1）平面交叉口区位分析。

（2）平面交叉口范围内及周边的交通吸引点与基础设施的布局分析。

（3）平面交叉口总平面测绘。

（4）平面交叉口范围以外相交道路的横断面测绘与进出口道展宽分析。

（5）平面交叉口信号灯的相位与周期分析。

（6）平面交叉口机动车流量、流向统计。

（7）平面交叉口非机动车流量、流向统计。

（8）平面交叉口机动车设计通行能力的计算与校核。

（9）平面交叉口视距三角形的检验。

（10）平面交叉口设计、运行与管理中的可借鉴点和现存问题剖析。

4 实践案例：浙江省金华市双龙南街—李渔路平面交叉口调研

调研地点：金华市双龙南街—李渔路平面交叉口。

调研时间：2013年11月4日17：00～18：00。

当日天气：多云。

4.1 交叉口区位分析

双龙南街—李渔路交叉口（以下简称"调研交叉口"）位于金华市婺江以南片区（图1），双龙南街是金华"三纵"主干路中的一条，向北通过双龙大桥横跨婺江衔接江北片区，向南可连通国道330与二环南路。李渔中路是"三横"主干路中的一条，向西与二环西路、国道330相接，向东通过李渔大桥横跨武义江，连通金东区（未来可连接金义都市新区）。双龙南街与李渔路近乎正交，形成十字形交叉口，实地调查表明，该交叉口汇集了大量的人流、车流，交通情况较为复杂（图2）。

4.2 交叉口范围内及周边的交通吸引点与基础设施的布局分析

调研交叉口范围内的交通吸引点主要包括交叉口附近的公共建筑：西南侧为世纪联华超市和国美电器商业城，西北侧为金华市中级人民法院，东南侧为金华市政府办公楼，东北侧为环球商务大厦。交叉口附近的交通设施配置较为齐全，包括多个常规公交停靠站、机非分隔带、交叉口行人与自行车等候区、左转车辆待转车道、自行车交叉口等待区的雨棚、人行过街安全岛、公共自行车租车站等（图3）。交叉口范围内及周边的其他基础设施分布情况如图4、图5所示。

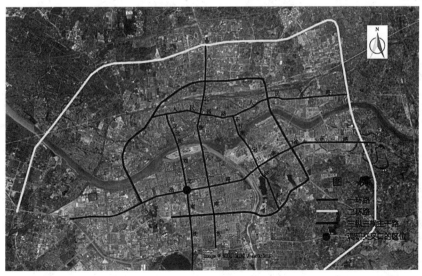

图1 调研交叉口
在金华市区的位置

图2 调研交叉口实景

图3 调研交叉口范围内及周边地区的索引图

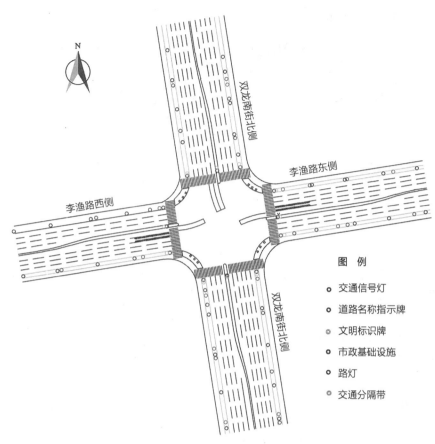

图4 调研交叉口范围内及周边的基础设施分布（彩图见书末附图）

电动汽车充电站　　中央分隔带　　城市配电箱　　广告位与垃圾箱　公交专用道标志　　公共汽车站

消火栓　　　　消火栓接口　　　　光缆箱　　　车道划分指示牌

图5 调研交叉口范围内及周边的基础设施实景

4.3　交叉口总平面的测绘

4.3.1　交叉口的各相交道路尺寸的测定

通过实地测量，结合Google earth影像图，获取交叉口相交道路的基本尺寸（表3）

表3　调研交叉口各道路路幅宽度及进出口道条数

道路名称	路幅宽度/m	机动车进口道（条）	左转车道（条）	直行车道（条）	右转车道（条）	机动车出口道（条）
双龙南街（北）	47.00	6	2	3	1	4
双龙南街（南）	48.20	6	2	3	1	4
李渔路（东）	40.85	6	1	3	1	3
李渔路（西）	31.90	5	1	2	1	2

4.3.2　交叉口路缘石半径的计算

经测定，双龙南街（主干路）路段计算行车速度V_1=50km/h，李渔路（主干路）路段计算行车速度V_2=40km/h。μ取0.15，i取1%。

1）交叉口计算行车速度

一般交叉口计算行车速度可取0.5~0.7倍路段计算行车速度，双龙南街取0.5，李渔路取0.6，因此，V_1'=25km/h，V_2'=24km/h。

2）车行道路缘石半径计算

交叉口东北侧路缘石半径计算：由于交叉口机动车道无加宽，取e=0，非机动车道宽3.6m，机非分隔带宽1.8m，$R=V_2^2/127（\mu+i）$=576/20.32≈28.35m，$R_1=R-（b/2+e+C+W）$=28.35-（3.20/2+0+1.8+3.6）=21.35m。

交叉口西北侧路缘石半径计算：由于交叉口机动车道无加宽，取e=0，非机动车道宽3.6m，机非分隔带宽3.0m，$R=V_1^2/127（\mu+i）$=625/20.32≈30.76m，$R_1=R-（b/2+e+C+W）$=30.76-（3.10/2+0+3.0+3.6）=22.61m。

交叉口西南侧路缘石半径计算：由于交叉口机动车道无加宽，取e=0，非机动车道宽2.5m，机非分隔带宽1.8m，$R=V_2^2/127（\mu+i）$=576/20.32≈28.35，$R_1=R-（b/2+e+C+W）$=28.35-（3.20/2+0+1.8+2.5）=22.45m。

交叉口东南侧路缘石半径计算：由于交叉口机动车道无加宽，取e=0，非机动车道宽3.1m，机非分隔带宽3.0m，$R=V_1^2/127（\mu+i）$=625/20.32≈30.76m，$R_1=R-（b/2+e+C+W）$=30.76-（3.10/2+0+3.0+3.1）=23.11m。

式中：μ——横向力系数；

　　　i——右转弯处路面横坡度；

　　　e——最外侧机动车道的加宽值（m）；

　　　C——机非分隔带宽度（m）；

　　　W——路口转弯处的非机动车道宽度（m）；

　　　b——最外侧机动车道的宽度（m）。

结论：已知城市交叉口转角的路缘石半径中，城市主干路交叉口的路缘石半径为20~25m。所以该交叉口四个转角的路缘石半径设计较合理。

4.3.3 交叉口平面图（图6）

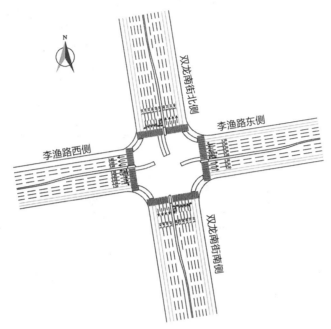

图6　调研交叉口的平面图
（车道内标注的数字为该车道宽度，单位为m）

4.4 平面交叉口范围外相交道路的横断面测绘与交叉口进口道展宽分析

对调研交叉口范围外的相交道路（双龙南街、李渔路）的标准横断面进行测绘，并绘制横断面图（图7）。

由于道路上行驶的车辆到了信号灯控制的平面交叉口，有一半左右的时间要分配给横向道路上的车辆使用，为使交叉口的通行能力与路段通行能力相匹配，需要通过展宽交叉口进口道、增加车道数的方法提高交叉口通行能力，实现"时间不够空间补"。通过详细测量双龙南

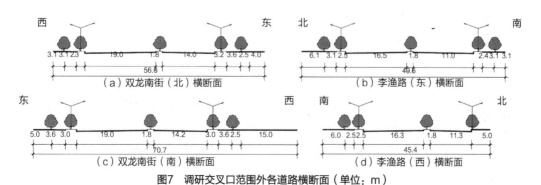

图7　调研交叉口范围外各道路横断面（单位：m）

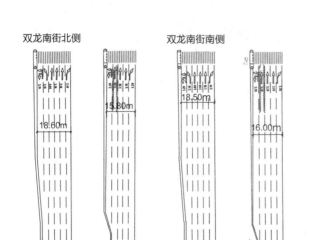

双龙南街北侧　　双龙南街南侧

李渔路西侧　　李渔路东侧

图8　调研交叉口各进口道的展宽分析

图9　占用对向车道展宽进口道

街与李渔路两条主干路在交叉口进口道处横断面上的车道尺寸（图8、表4），验证了交叉口的展宽措施（图9）。

表4　调研交叉口各进口道的展宽方式及尺寸

道路名称	进口道交通展宽方式	中线偏移距离/m	展宽长度/m
双龙南街（北）	占用对向车道，设置左转专用车道	1.80	100
双龙南街（南）	占用对向车道，设置左转专用车道	1.53	100
李渔路（东）	占用对向车道，设置左转专用车道	2.00	100
李渔路（西）	占用对向车道，设置左转专用车道	1.26	90

4.5　交叉口信号灯相位及周期

实地观察表明，双龙南街和李渔路都对左转、直行、右转设置了信号灯控制。本交叉口共有7个相位，信号周期为145s（表5、图10）。

（a）相位1，计10s　（b）相位2，计26s　（c）相位3，计24s　（d）相位4，计25s　（e）相位5，计10s　（f）相位6，计25s　（g）相位7，计25s

图10　调研交叉口信号灯相位组合图

表5　调研交叉口信号灯相位分布

相位	东面			南面			西面			北面			持续时间/s
	←	↑	→	←	↑	→	←	↑	→	←	↑	→	
1	红	绿	红	红	红	红	红	绿	红	红	红	红	10
2	红	绿	绿	红	红	红	红	绿	绿	红	红	红	26
3	绿	红	绿	红	红	绿	绿	红	绿	红	红	绿	24
4	红	红	绿	红	红	绿	红	红	绿	绿	绿	绿	25
5	红	红	红	红	绿	红	红	红	红	绿	绿	红	10
6	红	红	红	红	绿	红	红	红	红	绿	绿	红	25
7	红	红	红	绿	绿	绿	红	红	绿	红	红	绿	25

注：表中绿灯"持续时间"为该相位的绿灯时间、绿闪时间和黄灯时间之和。

4.6　交叉口机动车交通流量、流向分析

首先对多个周期各种机动车交通方式在交叉口进口道的流量、流向进行反复调查，取其平均值，并将以上调查所获得的各种汽车折合成当量小汽车（pcu），可得折合后的交通流量统计表（表6、表7）。

表6　交叉口进口道机动车流量、流向一览表（单位：pcu/h）

进口道名称	左转	直行	右转	总计
双龙南街（北）	296	1493	47	1836
双龙南街（南）	206	1295	86	1587
李渔路（西）	307	774	148	1229
李渔路（东）	238	656	346	1240

表7　交叉口出口道机动车流量表（单位：pcu/h）

出口道名称	合流当量汽车量
双龙南街（北）	1948
双龙南街（南）	1879
李渔路（西）	909
李渔路（东）	1156

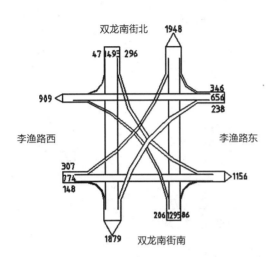

图11 调研交叉口机动车流量、流向图

将调研交叉口的进出口道的流量加以整合，绘制成交叉口机动车流量、流向图（图11）。

4.7 交叉口非机动车交通流量、流向分析

首先对多个周期各种非机动车交通方式在交叉口进口道的流量、流向进行反复调查，取其平均值，并将以上调查所获得的各种非机动车折合成当量自行车（辆），可得折合后的交通流量统计表（表8、表9）。

表8 交叉口进口道非机动车流量、流向一览表（单位：辆/h）

进口道名称	左转	直行	右转	总计
双龙南街（北）	65	480	25	570
双龙南街（南）	45	780	60	885
李渔路（西）	265	585	280	1130
李渔路（东）	305	75	240	620

表9 交叉口出口道非机动车流量表（辆/h）

出口道名称	合流当量自行车量
双龙南街（北）	1285
双龙南街（南）	1065
李渔路（西）	145
李渔路（东）	710

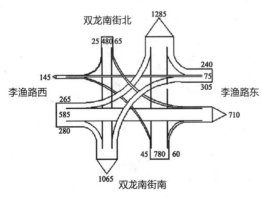

图12 调研交叉口非机动车流量、流向图

将调研交叉口的进出口道的流量加以整合，绘制成交叉口非机动车流量、流向图（图12）。

4.8 交叉口机动车通行能力计算与校核

根据实地观察，调研交叉口各面均在直行、左转、右转三个方向设置了专用信号灯，单独分配时间给各方向车辆行驶，机动车流线无冲突点，因此可参照"直行

车道设计通行能力"的计算方法，对相关参数集合实际观测值予以调整后使用，具体如下。

取$t_{首}$=2.3 s，根据观察，直行、右转车流通过停止线的平均间隔时间为2.5 s，左转车流通过停止线的平均间隔时间为3.1s，黄灯时间为3s，$T_{周}$=145 s，综合折减系数取0.9。

（1）计算双龙南街北侧进口道的通行能力

$N_{直}$=3600α[（$t_{绿}-t_{首}$）/$t_{间隔直}$+1]/$T_{周}$=3600×0.9×[（25+10+25−3−2.3）/2.5+1]/145=511.2（pcu/h）

$N_{右}$=3600α[（$t_{绿}-t_{首}$）/$t_{间隔右}$+1]/$T_{周}$=3600×0.9×[（24+15+10+25+25−3−2.3）/2.5+1]/145=859.8（pcu/h）

$N_{左}$=3600α[（$t_{绿}-t_{首}$）/$t_{间隔左}$+1]/$T_{周}$=3600×0.9×[（25−3−2.3）/3.1+1]/145=164.3（pcu/h）

$\sum N_{双龙南街（北）}$=859.8+3×511.2+2×164.3=2722（pcu/h）

（2）计算双龙南街南侧路口的通行能力

$N_{直}$=3600α[（$t_{绿}-t_{首}$）/$t_{间隔直}$+1]/$T_{周}$=3600×0.9×[（10+25+25−3−2.3）/2.5+1]/145=511.2（pcu/h）

$N_{右}$=3600α[（$t_{绿}-t_{首}$）/$t_{间隔右}$+1]/$T_{周}$=3600×0.9×[（24+25−3−2.3）/2.5+1+（25+25−3−2.3）/2.5+1]/145=834.8（pcu/h）

$N_{左}$=3600α[（$t_{绿}-t_{首}$）/$t_{间隔左}$+1]/$T_{周}$=3600×0.9×[（25−3−2.3）/3.1+1]/145=164.3（pcu/h）

$\sum N_{双龙南街（南）}$=834.8+3×511.2+2×164.3=2697（pcu/h）

（3）计算李渔路东侧路口的通行能力

$N_{直}$=3600α[（$t_{绿}-t_{首}$）/$t_{间隔直}$+1]/$T_{周}$=3600×0.9×[（10+26−3−2.3）/2.5+1]/145=296.7（pcu/h）

$N_{右}$=3600α[（$t_{绿}-t_{首}$）/$t_{间隔右}$+1]/$T_{周}$=3600×0.9×[（26+24+25−3−2.3）/2.5+1]/145=645.3（pcu/h）

$N_{左}$=3600α[（$t_{绿}-t_{首}$）/$t_{间隔左}$+1]/$T_{周}$=3600×0.9×[（24−3−2.3）/3.1+]/145=157.1（pcu/h）

$\sum N_{李渔路（东）}$=645.3+3×296.7+157.1=1692.5（pcu/h）

（4）计算李渔路西侧路口的通行能力

$N_{直}$=3600α[（$t_{绿}-t_{首}$）/$t_{间隔直}$+1]/$T_{周}$=3600×0.9×[（10+26−3−2.3）/2.5+1]/145=296.7（pcu/h）

$N_{右}$=3600α[（$t_{绿}-t_{首}$）/$t_{间隔右}$+1]/$T_{周}$=3600×0.9×[（26+24−3−2.3）/2.5+1+（25−3−2.3）/2.5+1]/145=597.9（pcu/h）

$N_{左}$=3600α[（$t_{绿}-t_{首}$）/$t_{间隔左}$+1]/$T_{周}$=3600×0.9×[（24−3−2.3）/3.1+1]/145=157.1（pcu/h）

$\sum N_{李渔路（西）}$=597.9+3×296.7+157.1=1645.1（pcu/h）

因此，$\sum N$=2722+2697+1692.5+1645.1=8756.6(pcu/h)，取8756（pcu/h）。

由于未考虑行人、自行车过交叉口流线与机动车右转、左转流线产生的冲突，实际通行能力会有所下降。根据相关规范，查得有信号灯控制的平面交叉口在设有左转车超前候转设施时，可满足的高峰小时交通量为7300pcu/h。目前实际交通量约为5892pcu/h，结合交叉口受阻车辆比例、延误时间、排队长度等参数的量度，判断该交叉口在高峰时段运行基本畅通，未出现严重拥堵。

4.9　交叉口视距三角形检验

由于调研交叉口在22：00至次日5：00间将红绿灯信号控制改成黄灯闪烁的控制方式，故需检验交叉口视距三角形，确保行车安全。

4.9.1　确定交叉口的计算行车速度

经勘测得知，调研交叉口是斜坡地形上的交叉口。经过实际调研及测算，双龙南街路段车速为50km/h，李渔路路段车速为40km/h。一般交叉口计算行车速度可取0.5～0.7倍路段计算行车速度，因李渔路与双龙南街均为城市主干路，取0.5，故双龙南街车辆进入交叉口速度V_1=25km/h，李渔路车辆进入交叉口速度V_2=20km/h。

4.9.2　划分车道，判别冲突点，计算停车视距

双龙南街进口道为6车道，李渔路进口道为5车道，取$t_反$=1.8s，φ=0.4，K=1，$L_安$=5m，道路纵坡值i=1%。

1）点为李渔路由东向西直行车辆与双龙南街由北向东左转车辆的冲突点。

直行：$S_{停1}=L_反+L_制+L_安=V_2/3.6×t_反+KV_2^2/254(\phi+i)+L_安=18.84m$；

左转：$S_{停2}=L_反+L_制+L_安=V_1/3.6×t_反+KV_1^2/254(\phi-i)+L_安=23.81m$。

2）点为李渔路由西向东直行车辆与双龙南街由南向西左转车辆的冲突点。

直行：$S_{停3}=L_反+L_制+L_安=V_2/3.6×t_反+KV_2^2/254(\phi-i)+L_安=19.04m$；

左转：$S_{停4}=L_反+L_制+L_安=V_1/3.6×t_反+KV_1^2/254(\phi+i)+L_安=23.50m$。

3）点为双龙南街由南向北直行车辆与李渔路由东向南左转车辆的冲突点。

直行：$S_{停5}=S_{停4}=L_反+L_制+L_安=V_1/3.6×t_反+KV_1^2/254(\phi+i)+L_安=23.50m$；

左转：$S_{停6}=S_{停1}=L_反+L_制+L_安=V_2/3.6×t_反+KV_2^2/254(\phi+i)+L_安=18.84m$。

4）点为双龙南街由北向南直行车辆与李渔路由西向北左转车辆的冲突点。

直行：$S_{停7}=S_{停2}=L_反+L_制+L_安=V_1/3.6×t_反+KV_1^2/254(\phi-i)+L_安=23.81m$；

左转：$S_{停8}=S_{停3}=L_反+L_制+L_安=V_2/3.6×t_反+KV_2^2/254(\phi-i)+L_安=19.04m$。

4.9.3　视距三角形图的绘制

计算所得各方向行驶的车辆所需视距长度由各冲突点分别量绘，得到视距三角形（图13），经计算、作图检验知，调研交叉口的四个视距三角形均满足设计要求，交叉口视距能够保证。

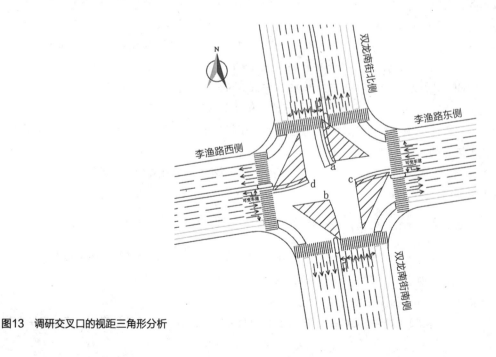

图13　调研交叉口的视距三角形分析

4.10 交叉口设计中的可借鉴点分析

4.10.1 慢行交通过街横道

慢行交通（人行交通与自行车交通）过街横道使用了正规斑马纹标线来表示，总宽度为7m（其中人行过街横道4m，自行车过街横道3m），并在进入交叉口前的一定区域内用彩色铺装和隔离柱明确划分出行人和自行车过街等候区。

人行过街横道设置在靠近人行道延长线，与行人的自然流向一致，以减少行人绕行的距离，并与道路中心线垂直（图14）。人行横道考虑到了无障碍设计，通过降低路缘石顶面标高，满足残疾人车及个人行李车通行的要求。

4.10.2 安全岛

当双向机动车道≥6车道时，在道路中间设置慢行交通安全岛（图15），供行人和自行车横穿道路临时停留用，路缘石高25cm，安全岛宽2.0m，顶端与车道外侧保留了一定宽度的侧带来保证安全。安全岛端部有醒目的标志，并在安全岛两端都设置了反光设施，以保证驾驶员在夜间行车的能看到安全岛的位置，判断车与安全岛的距离，而不至于撞上安全岛。

图14 人行与自行车过街横道

图15 设置于道路中央的交通安全岛

4.11 交叉口设计、运行与管理中的问题剖析和改善建议

4.11.1 李渔路西侧非机动车道与人行道进口道设计的问题与改善措施

世纪联华超市的主入口距交叉口（李渔路西侧）仅50m左右，靠近主入口处目前为众多非机动车的停车场地，偶尔也有载客三轮车甚至机动车停放，占用了人行道的大部分步行空间，导致行人常走在狭窄的剩余人行道宽度内或直接走到非机动车道上，影响非机动车顺利进入交叉口并造成安全隐患（图16）。

改善措施为：建议将世纪联华的主入口位置调整至超市南侧，并通过支路连接李渔路，同时将非机动车停车场调整至超市南侧的专用场地上，而靠近交叉口的李渔路上仅开设商场次入口，并禁止非机动车停放，确保行人拥有独立而安全的步行空间，以及非机动车道不被行人和机动车侵占。

4.11.2 交叉口慢行交通一体化设计的分析与评价

调研交叉口采用了慢行交通一体化设计，即通过非机动车道与人行道同高程，机动车交通与慢行交通通过高差分道行驶，在交叉口采用非机动车与行人共同过街，左转非机动车二次过街的方式。其优点在于减少交叉口内左转非机动车与机动车之间的相互干扰，大幅度提高机动车通过交叉口的运行速度与交叉口通行能力，同时，减少了左转非机动车与直行机动车的冲突点，有利于交通安全，从而从根本上降低交叉口内混合交通流的冲突和混杂度，避免混合交通的无序性和不安全性。然而，该方式也存在一定的问题，因左转非机动车二次过街，其行驶距离有所增加，左转过交叉口的时间有所延长。

对于交叉口应鼓励或限制采用慢行交通一体化设计，不同专家提出了不同观点。笔者认为，其核心问题是在交叉口路权优先等级上的价值判断，交叉口优化设计的核心问题是机动车的通行能力，还是慢行交通的最短出行距离和时耗。而这又取决于道路的等级和功能，作为城

图16 李渔路西侧进口道步行空间被挤占

图17　非机动车道与人行道之间缺乏隔离设施

市交通性干道，其功能应是连接城市不同片区，以"通"为主，因此机动车的通行能力应优先考虑，而主干路两侧的非机动车流量有限，左转车辆需绕行一定距离是可以接受的，主干路机动车车速快，对行人、自行车的安全威胁需要特别考虑，因而慢行交通一体化设计更好地保障了行人、自行车出行的安全。因此，在调研交叉口采用慢行交通一体化设计是合理的。然而，若是在机动车车流量较小而非机动车交通量较大的次干路或支路交叉口，采用慢行交通一体化设计就显得欠妥。

然而，调研交叉口慢行交通一体化设计中也存在一定的问题，非机动车道与人行道在同一高程上，但又缺乏相应的隔离措施（图17），会导致行人与非机动车的行进产生互相干扰，甚至发生相互占用对方路权而导致交通事故。建议将行道树（乔木）种植在非机动车道与人行道之间，作为两种路权的软性隔离措施，既有利于提供遮蔽空间又能清晰划分非机动车道与人行道，减少相互干扰和不安全因素（图18）。

另外，从整个城市各交叉口交通组织方式的现状来看，不同区位的交叉口交通组织方式差异较大，大多数市民习惯了常规的机非混行式交叉口，而对慢行交通一体化设计缺乏理解，加上交叉口的非机动车进口道上并未标识正确左转的路径，在调研过程中常

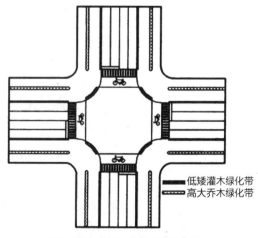

━━━ 低矮灌木绿化带
┉┉┉ 高大乔木绿化带

图18　慢行交通一体化设计示意图

发现非机动车利用人行横道线与人行道衔接处的坡道直接进入交叉口，采用与机动车左转一致的流线，造成了与机动车正常行驶的干扰或冲突，影响了机动车的通行能力（图19）。

改善措施为：在非机动车进入交叉口前的50m处，设置非机动车交叉口行驶流线示意图，规范非机动车驾驶人的行驶路径。必要时可在交叉口增加协管员，以更有效地管理各种交通工具，使其各行其道，避免交叉口内部的相互干扰与冲突。

4.11.3　人行道与人行横道衔接处的障碍物影响通行能力问题与改善措施

调查发现，李渔路东侧和双龙南街北侧转弯处的人行道和人行横道的坡道衔接处，有一棵树占据了通行空间（图20），降低了行人过街的通行能力。

改善措施为：将大树移栽在其他不影响道路通行能力处，并将移栽后的空间进行沥青（塑胶）铺装，实现人行道与人行横道无障碍衔接，保障行人通行能力。

4.11.4　李渔路东段南侧人行空间不足问题与改善措施

李渔路东段南侧，从金华市人民政府大院围墙到非机动车道边缘的人行道范围仅有3.1m，

（a）与设计目的不符的错误流线　　　　　　　　（b）与设计目的一致的正确流线

图19　慢行交通一体化设计的交叉口非机动车过街流线

图20　步行过街空间不连续

刚达到规范所规定的"大城市各级道路人行道最小宽度3m"的规定，但由于行道树并未紧邻任何一侧的边缘种植，导致能供行人通行的实际有效宽度在1.5m以下（图21），在上下班高峰时，人行道通行空间严重不足，常会占用非机动车道行走，而人行道和非机动车道之间没有任何隔离措施，导致行人与非机动车交通的矛盾不断，且借道行走造成了安全隐患。

改善措施为：将金华市人民政府大院的围墙向南迁移1.5m，在现有行道树两侧形成两条人行通行带，增加高峰时段的通行能力；或可将行道树移位至人行道与非机动车道的交界处，作为人行道与非机动车道的软性分隔设施（图22），虽然该措施成本较高，但能有效解决人非共板的慢行道路的干扰和安全问题。

图21　道路步行空间不足

图22　人行道与非机动车道软性分隔改造效果示意

5 实践作业：城市道路平面交叉口调研

请选择你所在城市的一个典型平面十字交叉口（两条主干路平面相交或一条主干路与一条次干路平面相交的交叉口），分别在早、晚高峰期间进行不少于1h的实地调研，实地测量交叉口的平面各组成部分的尺寸、各相交道路在交叉口范围外的标准横断面尺寸；记录并绘制交叉口的机动车、非机动车的流量、流向图，计算该交叉口机动车的通行能力；观察并记录道路交叉口附近的相关交通设施；分析该交叉口在设计、运行及管理中的可借鉴之处，同时针对现存问题，结合所学过的道路交通专业知识，提出初步的改善策略。

本实践的主要成果内容如下：

（1）调研交叉口区位分析。

（2）调研交叉口范围内及周边的交通吸引点与基础设施的布局分析。

（3）调研交叉口总平面图的绘制（含交叉口各部分的尺寸标注）。

（4）各相交道路在交叉口范围以外的标准横断面图绘制与展宽分析。

（5）信号灯相位及周期分析。

（6）调研交叉口机动车流量、流向统计（流量流向表、流量流向图）。

（7）调研交叉口非机动车流量、流向统计（流量流向表、流量流向图）。

（8）调研交叉口机动车设计通行能力的计算与校核。

（9）调研交叉口视距三角形检验。

（10）调研交叉口设计、运行与管理中可借鉴的内容分析。

（11）调研交叉口设计、运行与管理中存在的问题分析与初步改善策略（若需对交叉口进行局部改造，则须绘制局部改造的平面图、道路横断面图、信号周期及相位分析图等；若需对交叉口进行全面改造，则须绘制改造后的交叉口总平面图及机动车、非机动车、人行流线分析等相关图纸）。

作业完成时间为2周，成果要求以*.doc报告形式和*.ppt汇报稿形式各1份提交。

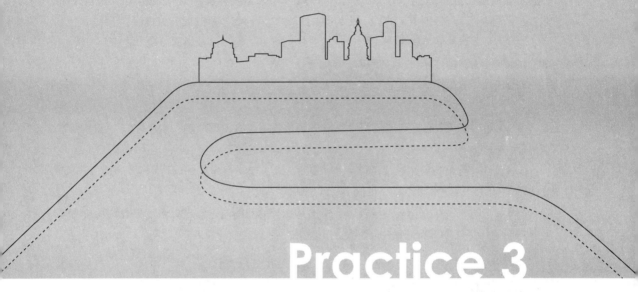

Practice 3

实践3:

城市居民出行特征
调查问卷设计

1 实践背景与目的

为获得城市居民出行的时间、空间、方式、目的分布等特征数据,需进行居民出行特征调查,这些数据通过获取并经整理后,用来分析居民出行与年龄结构、职业结构、城市社会经济与土地利用发展的相互关系,从而掌握居民对现状城市交通状况的满意度和交通需求发展态势,为城市交通政策和交通规划方案的制订提供定量参考依据,为交通预测模型的建立提供技术参数。

对于如此庞大的数据信息的获取,通常采用问卷抽样调查的方法来进行,而问卷设计成为在收集这种"真实反映社会现象的资料"过程中具有重大影响的关键环节之一,也是进行居民特征调查等社会调查过程中的难点之一,问卷一旦发出就难以更改和补救。本实践以某一类居民出行的特征调查为内容,旨在设计一份有针对性的、高质量的问卷,具体包括:

(1)根据调研城市的特点、调研所针对的出行目的类型以及调研对象的类别,分类制定相应的城市居民出行特征的系列问卷。

(2)设计有关居民家庭人口、交通工具拥有情况等方面的问题,以获取居民家庭的基本资料。

(3)设计有关年龄、性别、职业、收入、居住地等方面的问题,以获取城市居民的基本资料。

(4)设计有关特定出行目的的起讫点(OD点)、出行时间、出行距离、出行方式选择等方面的问题,以获取城市居民每次出行的资料。

(5)询问居民在选择某种或各种交通工具出行的问题与意愿、对城市交通政策的理解与反馈等信息,以获取城市居民出行意愿的资料。

2 实践基本知识概要

2.1 居民出行特征

居民出行特征主要包含出行次数、出行目的、出行方式构成、出行时耗分布、出行时辰分布、出行空间分布以及出行距离分布等,居民的出行活动及表现出的特征对城市的交通状况有着重要影响。

出行次数指城市中每人每天平均出行的次数,我国城市该指标通常在 1.7 ~ 3.0,居民人均出行次数呈现从小城市到大城市递减的规律。

出行目的是居民出行的原因,常见的出行目的包括上班、上学、购物、生活出行、文体娱乐休闲、业务、回程等,其中上班、上学(含相应的回程出行)称为通勤出行,属于刚性出行,有一定的时间约束和明显的高峰现象;其他出行受时间约束较小,称为弹性出行。

出行方式构成是指各种出行方式在完成全市居民出行量中所分担的比例,我国目前步行、自行车、公共交通是主要的 3 种出行方式,随着年龄、收入、时耗、距离、目的等影响因素的变化,居民的出行方式构成也会相应地发生变化。

出行时耗是居民在一次出行过程中从出发地到目的地所花的时间,它既反映了距离因素,又反映了交通供给能力及其服务水平。

出行时辰指居民一日出行活动发生的时刻，一般以 1h 为时段统计一日所发生的出行量。各时段占全日出行量的比值，即是各时段的出行发生率，将其按时间顺序连接在一起，就是出行时辰分布。

出行空间分布主要反映出行空间的流动规律、城市交通的主要流向和城市土地利用布局的特点，可以分为内部交通、出发交通、到达交通、过境交通 4 大类，通常可以通过连接交通出发小区和到达小区的直线（又称 OD 线、期望线）来表示，其宽度表示出行次数。

出行距离与城市规模有关，城市规模小则出行距离短，反之则出行距离长。出行距离还与城市用地布局有关，紧凑型的布局导致较短的出行距离，松散的用地布局导致较长的出行距离。此外，出行距离分布通常呈现出"近多远少"的特征，符合就近活动的特征。

2.2 调查问卷的分类与问卷结构

2.2.1 调查问卷的分类

调查问卷是指社会组织为一定的调查研究目的而统一设计的、具有一定的结构和标准化问题的表格，是社会调查中用来收集资料的一种工具；一般可以分为自填式问卷和代填式问卷。自填式问卷是让被调查者自己填写的问卷，可以通过邮寄发送、随报刊发送、网络发送、调查者派人直接发送给调查对象等方式进行。代填式问卷可以是调查者按统一设计的问卷向被调查者当面或通过电话提出问题，然后由调查者根据被调查者的口头回答来填写问卷。

2.2.2 调查问卷的结构

问卷一般由卷首语、问卷说明、问题与回答方式、编码和其他资料 5 个部分组成。

卷首语主要向被调查者介绍本次社会调查的目的、意义等，一般应包括 4 个方面的内容：调查单位与调查人员身份、调查目的与内容、调查对象选取方法与资料保密措施、致谢与署名。

问卷说明是用来指导被调查者科学、统一填写问卷的一组说明，其作用是对填表的方法、要求、注意事项等做出总体说明和安排，也可包括对重要、特殊、复杂的专业术语进行名词解释。该部分语言文字应简洁、通俗易懂。

问题与回答方式是问卷的主体部分，问题的设置要点见 2、3 节的内容，回答方式可采用封闭式（选择、填空题）、开放式（简答题）、混合式。此部分还可以包括对回答某问题可以得到的指导和说明等。

编码是赋予每一个问题及答案一个字母或数字作为它的代码，将问卷中的问题和被调查者的回答，以 A、B、C、D……或（1）、（2）、（3）、（4）……等代号和数字表示，以便调查人员进行后续数据统计与整理，并运用计算机对问卷进行数据处理与分析。

其他资料包括问卷名称、被访问者的地址和单位、调查员姓名、调查时间、问卷审核人员和审核意见等。有的问卷可以在最后设计一个结束语以表达对被调查人员的感谢。

2.3 调查问卷中问题设置的基本要求

2.3.1 问题的种类

根据内容可将问卷中的问题分为背景性问题、客观性问题、主观性问题和检验性问题。

背景性问题主要是有关被调查者的个人基本情况（如性别、年龄、职业、收入水平等）或家庭基本情况（如人口、年龄结构、家庭类型等）。客观性问题是针对各种已经发生或正在发生的事实或行为的提问。主观性问题指关于人们的思想、感情、态度、愿望、动机等主观世界状况方面的问题。检验性问题可安排在问卷的不同位置，以验证回答问题的真实和准确程度。

2.3.2 问题的排列

合理的问题排列能使被调查者有逻辑性地回答问题，也能帮助调查者顺利进行后期资料整理与分析。首先，应将同一维度的问题（内容和主题上都十分接近的问题）排在一起，便于调查者思考、回忆、陈述和表达，不至于回答问题时出现思路中断、混乱或跳跃。在此基础上，在问题的顺序安排上应遵循如下原则：

（1）把简单易答的问题放在前面，复杂难答的问题放在后面。

（2）把能引起被调查者兴趣的问题放在前面，把容易引起紧张或产生顾虑的问题放在后面。

（3）把被调查者熟悉的问题放在前面，把他们感到生疏的问题放在后面。

（4）先问行为方面的（客观）问题，再问态度、意见、看法方面的（主观）问题。

（5）个人背景问题如不涉及比较敏感的问题，可放在问卷的开头，如涉及较多敏感问题，则可考虑放在问卷结尾部分。

（6）将开放式问题放在问卷的最后。

2.3.3 问题的表述

居民出行特征调查通常采用自填式问卷形式，被调查者仅根据书面表达来理解和回答问题，因此问题表述在一定程度上决定了问卷回答的质量。问题的表述应简明扼要、通俗易懂，有针对性、具体而不抽象，用词不模棱两可、避免歧义，问题要单个设计而不混淆提出，问题不得含有诱导性或倾向性语言。对于一些敏感性的特殊问题，应在表述时进行适当加工处理，如运用假设法（规定该问题为非现实的判断）、转移法（运用第三人称表述问题后再问被调查者的观点）、解释法（问题前写一段消除疑虑的功能性文字）、模糊法（如问收入时界定一定范围供选择）等，以便于被调查者能轻松面对这些问题并坦率做出真实回答。

3 实践步骤、内容与成果要求

3.1 实践步骤与内容（表1）

表1 实践步骤与内容

实践步骤	细化内容	本步骤目标
（1）调查前期准备	明确问卷调查的目的，选定调查范围	根据不同调查目的、不同类型的被调查者，分别设计具有较强针对性的问卷，提高问卷调查效率
	对被调查者和调查目的进行合理分类，初步确定针对不同目的、不同对象的调查问卷的数量	
（2）问卷首语设计	撰写问卷调查的目的、调查开展的依据及对被调查者的保密承诺	简明扼要地告知被调查者调查的目的和问卷填写的具体要求，同时消除被调查者的相关顾虑
	撰写问卷填写的相关要求	

续表

实践步骤	细化内容	本步骤目标
（3）问卷正文设计	按照问卷正文设计的要素构成要求、问题排列要求、问题表述要求等，分类撰写每一份问卷	制定问题数量适中、文字通俗易懂、问题顺序符合人们认知特点、易于统计分析的问卷正文
（4）问卷结束语设计	撰写提示问卷终止和感谢被调查者配合调查的结束语	简明扼要地对被调查者表达感谢

3.2 实践成果的基本要求

（1）问卷卷首语（含调查目的与填表说明）的设计。

（2）问卷正文的设计。

（3）问卷结束语的设计。

4 实践案例：浙江省金华市居民通勤及购物出行特征调查问卷设计

居民出行特征调查通常采用问卷调查为主、实地观察与访问调查为辅的调查方法。在问卷设计前，需明确调查目的、调查范畴（如本实践的调查范围为金华市，调查的出行类型为通勤出行与购物出行），并对调查对象进行合理分类（由于通勤出行可细分为成年人的工作出行和学生的上学出行，故调查对象可分为成年人和学生两类，应分别设计问卷供他们填写）。根据不同的调查目的和调查对象，将问卷分为家庭信息调查表、个人基本信息及出行信息调查表，同时针对城市的综合交通现状，设计出行意愿调查表。

问卷通常由卷首语（含调查目的、填表说明）、问卷正文及结束语组成，针对本实践案例所制定的问卷如下。

2014 年浙江省金华市城市居民通勤与购物出行调查问卷

尊敬的金华市民：

您好！为深入了解金华市民的上下班、上下学交通出行及购物交通出行的现状，为城市研究、交通规划和政策制定提供更准确的信息，特根据《中华人民共和国统计法》，在全市选择部分居住小区开展居民出行的抽样调查。请您根据您的实际情况和真实想法填写，协助我们完成这项工作。对您所提供的情况和个人资料仅作统计分析使用，我们将依照法律规定予以保密。感谢您的合作！

浙江省金华市规划局

浙江师范大学调查队

2014 年 5 月

填表说明：本问卷包括"家庭信息表"和"个人信息表"两大部分，家庭信息表由户主填写即可，个人信息表由每个家庭成员（包括户主）分别填写。本问卷的填写对象界定为70周岁以下、有经常外出活动的成年人和7周岁以上的学生，"个人信息表"分为"学生填写表"和"成年人填写表"两类表，请学生选择"学生填写表"填写，其他家庭成员请选择"成年人填写表"填写。请根据您的实际情况在横线处填写相应内容，或在您认为正确的选项编号处打"√"。

家庭信息表（户主填写）

A1. 家庭居住及人口情况

A1-1. 家庭地址：_____区_____街道（乡镇）_____社区_____栋_____号。

A1-2. 家庭人口数_____人，其中7～70岁成员数_____人，有工作的_____人。

A1-3. 家庭户籍情况：1）人户合一的户籍；2）人户分离的户籍；3）居住大于半年的流动人口；4）居住少于半年的流动人口。

A2. 家中的交通工具

A2-1. 目前家中拥有的交通工具：1）小汽车_____辆；2）摩托车_____辆；3）燃气助动车_____辆；4）电动车_____辆；5）自行车_____辆；6）其他车辆（请注明）_____：_____辆。

A2-2. 未来3年打算购买何种交通工具？1）小汽车_____辆；2）摩托车_____辆；3）燃气助动车_____辆；4）电动车_____辆；5）自行车_____辆；6）其他车辆（请注明）_____：_____辆。

个人信息表（成年人填写）

B1. 个人基本信息

B1-1. 您的性别：1）男性；2）女性。

B1-2. 您的年龄：_____周岁。

B1-3. 文化程度：1）初中及以下；2）高中；3）大专；4）大学本科；5）研究生及以上。

B1-4. 工作单位类型：1）政府部门；2）国有企业；3）集体企业；4）外资企业；5）私有企业；6）其他。

B1-5. 您的职业：1）工人；2）农民；3）公务员；4）服务业人员；5）教育、科研人员；6）医疗卫生人员；7）管理、技术人员；8）私有及个体企业经营者；9）军警政法人员；10）离退休人员；11）离退休再就业人员；12）家庭主妇；13）无业；14）其他。

B1-6. 您的月收入是：1）1000元以下；2）1000～2500元；3）2501～4000元；4）4001～8000元；5）8000元以上。

B1-7.您在交通出行上每个月花费分别为多少？（单位：元）

交通总支出：_____，其中公交车费_____，出租车费_____，汽油费_____，停车费_____，公共自行车租用费_____。

B1-8.在您的小区，您使用停车位的情况是：

1）我家里购买了车库／位，所以免费；

2）我家没有购买车库／位，但小区停车是免费的；

3）我家没有购买车库／位，需每月支付停车费____元；

4）我没有车，不用付停车费。

B2. 上下班交通出行情况（该部分请有工作者填写）

B2-1.您现在的上班地点是：_____区_____路_____号，靠近_____路。

B2-2.每天上下班的时间：

①您的工作日为（请在数字上打"√"）1）周一；2）周二；3）周三；4）周四；5）周五；6）周六；7）周日；8）每周不同。

②上班的出发时间：_____时_____分（24小时制）。

③下班的出发时间：_____时_____分（24小时制）。

④上班到单位通常需要_____小时_____分钟。

⑤下班回家通常需要_____小时_____分钟。

B2-3.您上下班采用的交通方式和时间分别是（请按说明填写下表）：

1）步行；2）骑自行车（含公共自行车）；3）公共汽车；4）出租车；5）私人小汽车；6）电动自行车；7）燃气助动车；8）摩托车；9）单位班车；10）搭家人的车；11）其他。

请从以上所列交通方式中选择您最常用的方式，若出行采用多种方式，请按照顺序填写，如自行车—公共汽车—步行，则分别在下表中填上2）3）1），并在下面写上所用时间（单位：分钟）。

内容		1	2	3	4	5
样例	交通方式	2）	3）	1）		
	所用时间	15分钟	30分钟	10分钟	___分钟	___分钟
实际情况	交通方式					
	所用时间	___分钟	___分钟	___分钟	___分钟	___分钟

B2-4.假如因为某种原因您不采用这种方式上下班，还有其他方式吗？（请在下表填写）

内容		1	2	3	4	5
实际情况	交通方式					
	所用时间	___分钟	___分钟	___分钟	___分钟	___分钟

B2-5. 您每天上下班交通花费多少钱？（单位：元）

交通总支出	其中			
	公交车费	打车费	停车费	其他费用

B2-6. 您上下班选择这种交通方式的理由是？（可多选）

1）更安全；2）时间更少；3）不用站着；4）没有其他方式；5）价格可承受；6）更舒服；7）更方便；8）及时；9）其他。

B2-7. 您在单位是否有免费停车位？1）是；2）否。

B2-8. 您的单位有班车吗？1）是；2）否。

B2-9. 单位每月为您大约提供多少交通补贴？_____元/月。

B3. 大超市购物交通出行情况

B3-1. 您最经常去的大超市是_____，地点是：_____区_____路，靠近_____路。

B3-2. 您一般多长时间去一次大超市购物？_____次/月。

B3-3. 您去大超市购物路上一般要用多少时间？去程_____分钟，回程_____分钟。

B3-4. 您去大超市购物采用的交通方式分别是（请按说明填写下表）：

1）步行；2）骑自行车（含公共自行车）；3）公共汽车；4）出租车；5）私人小汽车；6）电动自行车；7）燃气助动车；8）摩托车；9）超市班车；10）其他。

请从以上所列交通方式中选择您最常用的方式，若出行采用多种方式，请按照顺序填写，如自行车—公共汽车—步行，则分别在下表中填上2）3）1），并在下面写上所用时间（单位：分钟）。

内容		1	2	3	4	5
样例	交通方式	2）	3）	1）		
	所用时间	15分钟	30分钟	10分钟	___分钟	___分钟
实际情况	交通方式					
	所用时间	___分钟	___分钟	___分钟	___分钟	___分钟

B3-5. 假如因为某种原因您不采用这种方式去大超市购物，还有其他方式吗？（请在下表填写）

内容		1	2	3	4	5
实际情况	交通方式					
	所用时间	___分钟	___分钟	___分钟	___分钟	___分钟

B3-6. 您每次去大超市购物需花费多少交通费用？（单位：元）

交通总支出	其中			
	公交车费	打车费	停车费	其他费用

B3-7. 您去大超市购物为何选择这种交通方式？（可多选）

1）更安全；2）时间更少；3）不用站着；4）没有其他方式；5）价格可承受；6）更舒服；7）更方便；8）及时；9）其他。

B4. 市中心购物交通出行情况

B4-1. 您最经常去的市中心购物地点是：_____区_____路，靠近_____路。

B4-2. 您一般多长时间去一次市中心购物？_____次/月。

B4-3. 您去市中心购物路上一般要用多少时间？去程_____分钟，回程_____分钟。

B4-4. 您去市中心购物采用的交通方式分别是（请按说明填写下表）：

1）步行；2）骑自行车（含公共自行车）；3）公共汽车；4）出租车；5）私人小汽车；6）电动自行车；7）燃气助动车；8）摩托车；9）其他。

请从以上所列交通方式中选择您最常用的方式，若出行采用多种方式，请按照顺序填写，如自行车—公共汽车—步行，则分别在下表中填上2）3）1），并在下面写上所用时间（单位：分钟）。

内容		1	2	3	4	5
样例	交通方式	2）	3）	1）		
	所用时间	15分钟	30分钟	10分钟	___分钟	___分钟
实际情况	交通方式					
	所用时间	___分钟	___分钟	___分钟	___分钟	___分钟

B4-5. 假如因为某种原因，您不采用这种方式去市中心购物，还有其他方式吗？（请在下表填写）

内容		1	2	3	4	5	
实际情况	交通方式						
	所用时间	___分钟	___分钟	___分钟	___分钟	___分钟	

B4-6. 您每次去市中心购物需花费多少交通费用？（单位：元）

交通总支出	其中			
	公交车费	打车费	停车费	其他费用

B4-7. 您去市中心购物为何选择这种交通方式？（可多选）

1）更安全；2）时间更少；3）不用站着；4）没有其他方式；5）价格可承受；6）更舒服；7）更方便；8）及时；9）其他。

个人信息表（学生填写）

C1. 个人基本信息

C1-1. 您的性别：1）男性；2）女性。

C1-2. 您的年龄：_____ 周岁

C1-3. 您是：1）初中生；2）高中生；3）大中专生；4）大学本科以上学生。

C2. 上学交通出行情况

C2-1. 您现在的学校地点是：_____ 区 _____ 路 _____ 号，靠近 _____ 路。

C2-2. 每天上下学的时间

①上学的出发时间：_____ 时 _____ 分（24 小时制）；

②放学的出发时间：_____ 时 _____ 分（24 小时制）；

③上学到学校通常需要 _____ 小时 _____ 分钟；

④放学回家通常需要 _____ 小时 _____ 分钟。

C2-3. 您上下学采用的交通方式和时间分别是（请按说明填写下表）：

1）步行；2）骑自行车（含公共自行车）；3）公共汽车；4）出租车；5）私人小汽车；6）电动自行车；7）燃气助动车；8）摩托车；9）校车；10）搭家人的车；11）其他。

请从以上所列交通方式中选择您最常用的方式，若出行采用多种方式，请按照顺序填写，如自行车—公共汽车—步行，则分别在下表中填上2）3）1），并在下面写上所用时间（单位：分钟）。

内容		1	2	3	4	5
样例	交通方式	2）	3）	1）		
	所用时间	15分钟	30分钟	10分钟	___分钟	___分钟
实际情况	交通方式					
	所用时间	___分钟	___分钟	___分钟	___分钟	___分钟

C2-4. 假如因为某种原因您不采用这种方式上下学，还有其他方式吗？（请在下表填写）

内容		1	2	3	4	5
实际情况	交通方式					
	所用时间	___分钟	___分钟	___分钟	___分钟	___分钟

C2-5. 您每个月用于上下学的交通花费为多少？（单位：元）

交通总支出	其中			
	公交车费	打车费	停车费	其他费用

C2-6. 您上下学选择这种交通方式的理由是？（可多选）

1）更安全；2）时间更少；3）不用站着；4）没有其他方式；5）价格可承受；6）更舒服；7）更方便；8）及时；9）其他。

C3. 大超市购物交通出行情况

C3-1. 您最经常去的大超市是 _____，地点是：_____ 区 _____ 路，靠近 _____ 路。

C3-2. 您一般多长时间去一次大超市购物？ _____ 次/月。

C3-3. 您去大超市购物路上一般要用多少时间？ 去程 _____ 分钟；回程 _____ 分钟。

C3-4. 您去大超市购物采用的交通方式分别是（请按说明填写下表）：

1）步行；2）骑自行车（含公共自行车）；3）公共汽车；4）出租车；5）私人小汽车；6）电动自行车；7）燃气助动车；8）摩托车；9）超市班车；10）其他。

请从以上所列交通方式中选择您最常用的方式，若出行采用多种方式，请按照顺序填写，如自行车—公共汽车—步行，则分别在下表中填上2）3）1），并在下面写上所用时间（单位：分钟）。

内容		1	2	3	4	5
样例	交通方式	2）	3）	1）		
	所用时间	15分钟	30分钟	10分钟	___分钟	___分钟
实际情况	交通方式					
	所用时间	___分钟	___分钟	___分钟	___分钟	___分钟

C3-5. 假如因为某种原因您不采用这种方式去大超市购物，还有其他方式吗？（请在下表填写）

内容		1	2	3	4	5
实际情况	交通方式					
	所用时间	___分钟	___分钟	___分钟	___分钟	___分钟

C3-6. 您每次去大超市购物需花费多少交通费用？（单位：元）

交通总支出	其中			
	公交车费	打车费	停车费	其他费用

C3-7. 您去大超市购物为何选择这种交通方式？（可多选）

1）更安全；2）时间更少；3）不用站着；4）没有其他方式；5）价格可承受；6）更舒服；7）更方便；8）及时；9）其他。

C4. 市中心购物交通出行情况

C4-1. 您最经常去的市中心购物地点是：_____区_____路，靠近_____路。

C4-2. 您一般多长时间去一次市中心购物？_____次/月。

C4-3. 您去市中心购物路上一般要用多少时间？去程_____分钟，回程_____分钟。

C4-4.您去市中心购物采用的交通方式分别是（请按说明填写下表）：

1）步行；2）骑自行车（含公共自行车）；3）公共汽车；4）出租车；5）私人小汽车；6）电动自行车；7）燃气助动车；8）摩托车；9）其他。

请从以上所列交通方式中选择您最常用的方式，若出行采用多种方式，请按照顺序填写，如自行车—公共汽车—步行，则分别在下表中填上2）3）1），并在下面写上所用时间（单位：分钟）。

内容		1	2	3	4	5
样例	交通方式	2）	3）	1）		
	所用时间	15分钟	30分钟	10分钟	___分钟	___分钟
实际情况	交通方式					
	所用时间	___分钟	___分钟	___分钟	___分钟	___分钟

C4-5.假如因为某种原因您不采用这种方式去市中心购物，还有其他方式吗？（请在下表填写）

内容		1	2	3	4	5
实际情况	交通方式					
	所用时间	___分钟	___分钟	___分钟	___分钟	___分钟

C4-6.您每次去市中心购物需花费多少交通费用？（单位：元）

交通总支出	其中			
	公交车费	打车费	停车费	其他费用

C4-7.您去市中心购物为何选择这种交通方式？（可多选）

1）更安全；2）时间更少；3）不用站着；4）没有其他方式；5）价格可承受；6）更舒服；7）更方便；8）及时；9）其他。

再次感谢您的配合！

2014年浙江省金华市城市居民出行意愿调查问卷

尊敬的金华市民：

您好！为深入了解金华市民对现状交通出行的满意程度，为城市交通改善和发展规划制定相关措施或政策提供更准确的支撑信息，特根据《中华人民共和国统计法》，在全市选择部分居住小区开展居民出行意愿的抽样调查。请您根据您的真实想法填写，协助我们完成这项工作。对您所提供的情况和个人资料仅作统计分析使用，我们将依照法律规定予以保密。感谢您的合作！

浙江省金华市规划局

浙江师范大学调查队

2014年5月

填表说明：本问卷的填写对象界定为70周岁以下、有经常外出活动的成年人。每个家庭填写1份，由户主填写，若户主不在，可由18岁（含）以上的家庭成员填写。请在您认为正确的选项编号处打"√"。

城市居民出行意愿调查表

D1. 城市道路交通总体情况

D1-1. 您认为目前金华市道路交通存在的最大问题是（限选3项）：

1）步行环境差；2）非机动车行驶空间受限；3）交通安全意识薄弱；4）公共交通优势不突出；5）道路设施不足（如存在断头路、道路不够宽等）；6）停车设施不足；7）交通频繁堵塞。

D1-2. 您认为现阶段下列哪项措施能明显改善金华市交通状况（限选2项）：

1）加强道路设施建设；2）修建高架桥；3）增加过江桥梁或隧道；4）发展轨道交通；5）优先发展公共交通，突出公交优势；6）改善停车设施和管理；7）提升市民交通安全意识。

D1-3. 您认为改善目前金华市客运情况应大力发展（限选2项）：

1）常规公交；2）出租车；3）小汽车；4）快速公交（BRT）/轨道交通；5）自行车（含公共自行车）。

D2. 城市慢行交通出行意愿

D2-1. 您对金华市区步行和自行车出行环境是否满意（限选1项）？

1）满意；

2）不满意，原因为：①汽车行驶和停车的干扰严重；②空间越来越少；③绕行距离长，不方便；④缺少绿化和美化，舒适性不足；⑤机动车尾气污染；⑥其他（请注明）：_____。

D2-2. 您选择骑自行车出行的最大可承受距离是（限选1项）：

1）1km以内；2）1～3km；3）3～5km；4）5km以上。

D2-3. 您认为城市自行车交通改善最应该关注的为（限选2项）：

1）安全连续的自行车道；2）行道树、遮阴棚等遮阴设施；3）自行车停车设施；4）便利的自行车过街设施；5）供骑车人休息的服务点；6）公共租赁自行车系统；7）其他（请注明）：_____。

D2-4. 您对目前金华市电动自行车发展状况的看法为（限选1项）：

1）存在安全隐患严重，应限制发展；2）使用方便，应大力发展；3）缺少管理，应合理引导适度发展。

D3. 城市公共交通出行意愿

D3-1. 您认为目前金华市公共交通存在的主要问题为（限选3项）：

1）车内太拥挤；2）车辆旧或车厢环境差；3）行车不准时；4）等车时间太长；5）票价偏高；6）服务态度差；7）线路绕行距离过远；8）附近没有合适的公交线路；9）其他，请填写：_____。

D3-2. 您能接受的乘坐公交车上班的换乘次数为：（限选1项）：

1）不用换乘；2）1次；3）2次；4）3次；5）3次以上。

D3-3. 您步行到达公交车站的最大可承受距离为（限选1项）：

1）300m以内；2）500m以内；3）800m以内；4）1000m以内；5）1000m以上。

D3-4. 您愿意选择换乘公共交通出行的最主要因素为（限选1项）：

1）有便利的公共自行车接驳服务；2）有小汽车停车设施并有换乘优惠；3）舒适的换乘枢纽设施；4）快速的大中运量公共交通（如地铁、轻轨、BRT）服务；5）其他（请注明）：_____。

D3-5. 您对公交进社区的意见为（限选1项）：

1）不接受；2）为社区定制的支线公交进社区可接受；3）一般公交线路进社区可接受；4）公交首末站进社区可接受；5）与社区开发一体化的公交枢纽站进社区可接受；6）其他（请注明）：_____。

D3-6. 您认为金华市当前公共交通系统改善与优化最应该关注的是为（限选1项）：

1）开辟快速公交（BRT）；2）优化现有常规公交线路，减少线路重复；3）增加社区支线线路；4）增加特色公交服务（如通勤车、夜班公交等）；5）建设与商业联合的公交换乘枢纽；6）建设公交港湾式停靠站；7）建设先进的公交管理控制系统；8）其他（请注明）：_____。

D4. 城市出租车与小汽车交通出行意愿

D4-1. 您认为缓解目前出租车打车难最有效的方法为（限选 1 项）：

1）提高出租车收费标准；2）增加出租车数量；3）加强出租车电招和网络订车服务；4）建设出租车待招点；5）其他（请注明）：＿＿＿＿＿＿＿＿＿＿＿。

D4-2. 您认为缓解小汽车停车难最有效的方法为（限选 1 项）：

1）分区域、分时段调整停车收费标准，降低高峰期核心地段停车需求；2）出台自有停车位社会共享政策；3）大力建设公共停车场；4）对规划审批后不建、少建、挪作他用停车设施进行清理；5）建设停车诱导系统，提高停车位利用效率；6）其他（请注明）：＿＿＿＿＿＿＿＿＿＿＿。

D4-3. 您未来 3 年内是否打算购买和使用小汽车？

1）不打算；

2）打算，原因为：①步行和自行车环境差，不安全；②乘坐公交车不方便，速度慢；③上班距离太远；④为接送孩子上下学；⑤享受小汽车的方便和舒适；⑥其他（请注明）：＿＿＿＿＿＿＿＿＿＿＿。

D5. 综合交通发展的相关建议

D5-1. 未来 3 年内您预计您上班或上学时所选择的交通方式为（限选 1 项）：

1）小汽车；2）公共交通（含地铁、轻轨、BRT 等）；3）电动自行车；4）普通自行车（或公共自行车）；5）步行；6）出租车；7）单位班车；8）其他（请注明）：＿＿＿＿＿＿＿＿＿＿＿。

D5-2. 请写下您对金华市城市交通规划、建设与管理的意见和建议：＿＿＿＿＿＿＿
＿＿＿＿＿＿＿＿＿＿＿＿＿＿＿＿＿＿＿＿＿＿＿＿＿＿＿＿＿＿＿＿＿＿＿＿＿。

再次感谢您的配合！

5 实践案例：××市居民就医出行特征及意愿调研问卷设计

假设现在需要采用问卷调查的方法对你所在城市各类人群就医行为的现状出行特征及就医出行的相关意愿进行调查，请结合你所在城市居住区、各级医院等相关功能单元的布局特点、交通出行的时空特征等具体情况，对调查人群进行分类，并针对不同人群设计有针对性的问卷。

提示：问卷应涵盖以下内容：

（1）居民家庭的基本资料，如居民家庭人口、交通工具拥有等信息。

（2）居民个人的基本资料，如年龄、性别、职业、收入、居住地、最近医院的距离及等级等信息。

（3）居民每次就医出行目的基本资料，如出行起讫点（OD 点）、出行时间、出行距离、出行方式选择等信息。

（4）居民就医出行意愿的资料，如了解居民在选择某种或各种交通工具实现就医出行的问题与意愿、居民对城市交通政策的理解与反馈等信息。

作业完成时间为 1 周，成果要求以 *.doc 问卷调查表形式提交。

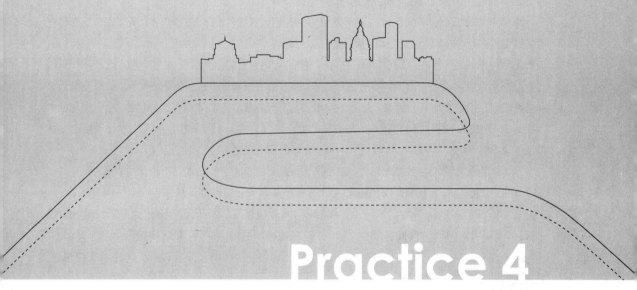

Practice 4

城市机动车停车场（库）调研

1 实践背景与目的

机动车在提升城市运行效率、支撑人们生产和生活出行的同时，自身停放的矛盾日益突出，违章占道随意停放、库外排队库内已满等现象比比皆是。人们因出行目的的不同而去往城市的四面八方，而车辆的目的地却惊人地相似——停车场（库）。如果城市缺乏停车设施，势必造成车辆停放混乱，干扰城市道路交通的正常运行；但停车设施过多，也不是解决问题的锦囊妙计，因为"当斯定律"告诉我们，新建的交通设施会诱发新的交通量，而交通需求总是倾向于超过交通供给。停车设施也是如此，超量供应在很大程度上会刺激停车需求甚至小汽车拥有量的增长，同时还带来土地资源的浪费。

本实践选择城市中不同区位、不同类型的公共建筑或居住小区的配建停车场（库），对停车位的供需关系与停车场（库）的运行状况进行深入调研，对照国家相关规范所确立的配建指标体系，分析现状停车场（库）在应对供需关系、内部空间与交通流线设计、管理与经营，以及停车设施与土地利用、道路交通的协调性等方面所存在的问题，进而试图在规划设计理念、物质空间设计和交通组织、运行管理等层面深入思考，提出改善意见和建议。具体而言，应包括以下方面：

（1）明确所调查的公共建筑或居住小区的区位和类型，了解配建停车设施的规模、出入口位置和数量要求。

（2）实地测量并绘制停车场（库）的平面图，加深对停车方式、车位尺寸的掌握。

（3）掌握停车场（库）内部和出入口的机动车与人行流线组织方式。

（4）了解停车场（库）的利用率（周转率）、收费情况，调研停车场（库）的使用满意度，掌握停车场（库）运行管理的评价方法，并针对现存问题提出初步的改进对策。

（5）认知停车场（库）内的标识设计与相关配套设施布局，分析其成功之处与现存问题，并试图提出初步的改进对策。

（6）对现行的停车设施规划设计理念，不同区域、不同类型的停车设施配置与空间设计的方法等方面进行思考，探求如何将停车设施规划与土地高效利用、公共交通优先发展、规划管理与政策引导相互协调，以促进城市交通的永续发展。

2 实践基本知识概要

2.1 停车场（库）的类型划分

根据停车设施的基本属性，可将停车场（库）分为路外公共停车场（库）、路内公共停车场、配建停车场（库）三大类。

路外公共停车场（库）主要为从事各种活动的出行者提供公共停车服务，通常设置在公共活动中心、交通转换处等车流量较为集中的区域，如文体活动中心、城市出入口、客运交通枢纽等。

路内公共停车场主要指在道路用地红线以内划定的供车辆停放的场地，一般在道路行车带以外的一侧或两侧呈带状设置，并用标志、标线划出一定的范围。路内停车设施设置简单、使用方便、用地紧凑（一般不另设通道）、投资少，适合车辆临时停放。路内公共停车场不是解决停车问题的主要途径，反而过多的路内停车会影响城市道路交通的正常运行。

配建停车场（库）是城市停车设施的主要组成部分，设置在相关建筑或设施内，一般应与主体建筑同步规划、设计和建设。配建停车场（库）又可分为配建专用停车场（库）和配建公共停车场（库）。本实践所调研和分析的城市停车场（库）主要针对配建公共停车场（库），即为未来建筑物的社会车辆提供服务的停车设施。

2.2 停车场（库）的位置与相关技术要求

2.2.1 地面停车场

1. 停放方式

地面停车场内车辆的停放方式与停车面积的计算、停车泊位的组合以及停车场的设计有关。停车场车辆的停放方式按汽车纵轴线与通道的夹角关系，可分为平行式、垂直式和斜列式3种。选择何种停车方式应根据停车场性质、疏散要求和用地条件等因素综合考虑。

（1）平行式：该方式的特点是所需停车带较窄，驶出车辆方便迅速；但沿路占地最长，单位长度内停放的车辆数量最少。其适用于形状比较长的地块，也是城市部分道路临时停车或短时间停放（如咪表停车）的常用方式。

（2）垂直式：该方式的特点是单位长度内停放的车辆数量多，用地紧凑；但停车带占地较宽，且在进出停车位时通常需要倒车一次，因而通道宽度至少有1.2倍的车身长度。其适用于形状比较方正和要求设置较多停车泊位的地块。

（3）斜列式：该方式的特点是停车带的宽度随车身长度和停放角度不同而异，但占地面积比垂直式要大，土地利用率不高。其适用于狭长或形状不规整的地块，其车辆停放进出方便，可随地块面积大小选择停放角度，可为60°、45°、30°。

2. 停车泊位、通道的尺寸

在确定车辆的停放方式后，需要确定停车带和通道宽度，这与车型尺寸、车辆停发方式、车辆最小转弯半径、驾驶员驾驶技能等有关。通常所采用的停车通道宽度及有关尺寸如表1所示。

表1 机动车停车泊位尺寸与通道宽度（单位：m）

停放方式			垂直通道的停车带宽					平行通道的停车带长					通道宽度				
			I	II	III	IV	V	I	II	III	IV	V	I	II	III	IV	V
平行式		A	2.6	2.8	3.5	3.5	3.5	5.2	7.0	12.7	16.0	22.0	3.0	4.0	4.5	4.5	5.0
斜列式	30°	A	3.2	4.2	6.4	8.0	11.0	5.2	5.6	7.0	7.0	7.0	3.0	4.0	5.0	5.8	6.0
	45°	A	3.9	5.2	8.1	10.4	14.7	3.7	4.0	4.9	4.9	4.9	3.0	4.0	6.0	6.8	7.0
	60°	A	4.3	5.9	9.3	12.1	17.3	3.0	3.2	4.0	4.0	4.0	4.0	5.0	8.0	9.5	10.0
	60°	B	4.3	5.9	9.3	12.1	17.3	3.0	3.2	4.0	4.0	4.0	3.5	4.5	6.5	7.3	8.0

续表

停放方式		垂直通道的停车带宽					平行通道的停车带长					通道宽度				
		I	II	III	IV	V	I	II	III	IV	V	I	II	III	IV	V
垂直式	A	4.2	6.0	9.7	13.0	19.0	2.6	2.8	3.5	3.5	3.5	6.0	9.5	10.0	13.0	19.0
	B	4.2	6.0	9.7	13.0	19.0	2.6	2.8	3.5	3.5	3.5	4.2	6.0	9.7	13.0	19.0

注：1. 表中 A 为前进停车，B 为后退停车。
2. 表中 I 为微型汽车，II 为小型汽车，III 为中型汽车，IV 为普通汽车，V 为铰接车。

2.2.2 地下停车库

地下停车库应以小型车的停放为主，小型车单层车库净高应大于 2.2m。地下停车库的泊位计算面积与地面停车位基本一致。

地下停车库应设计好车辆进出的坡道和柱距与车位的尺寸关系。

（1）坡道：分为直线坡道和曲线坡道，地下车库的最大纵坡如表 2 所示。坡道一般尽可能将车辆的进出口分开，尽可能采用右进右出的方式。

表 2　地下车库的最大纵坡

车辆类型	直线坡道的坡度	曲线坡道的坡度
小型汽车	15%	12%
中型汽车	12%	10%
大型汽车	10%	8%

（2）柱距：地下车库的柱距控制是设计中十分重要的因素，合理的柱距可增加停车数量，节约用地。如果柱距间设计停 3 辆车，则柱距应为 8.4m+ 柱宽；如果柱距间设计停 2 辆车，则柱距为 5.8m+ 柱宽。

2.3　机动车的停放面积

为便于计算，机动车公共停车场的用地面积宜按当量小汽车停车位数计算。地面停车场每个停车位的用地面积宜为 25 ~ 30m²，路边停车带每个停车位用地面积宜为 16 ~ 20m²，地下停车库和停车楼中每个停车位的建筑面积宜为 30 ~ 35m²。

2.4　机动车停车位的配置要求

我国各省、自治区、直辖市根据国家有关部门的标准，结合自身交通的现状及自身发展的要求，颁布了机动车停车场（库）的配置标准，作为城市居住区及大型公共建筑机动车停车场（库）车位数量确定的基本依据。以浙江省为例，表 3 ~ 表 9 列出了省内各级城市住宅、办公楼、商业场所、餐饮娱乐设施、旅馆、影（剧）院、图书馆、博物馆、科技馆等不同用地类型的机动车停车场（库）的配置标准，以供分析与设计参考。

表3　浙江省各级城市住宅停车位指标

项　目	机动车（停车位/户）			非机动车（停车位/户）
	小城市	中等城市	大城市	
平均每户建筑面积＞200m² 或别墅	1.5	1.5	1.2	—
140m²＜平均每户建筑面积≤200m²	1.2	1.2	1.0	1.5
80m²＜平均每户建筑面积≤140m²	0.8	0.8	0.6	2.0
平均每户建筑面积≤80m²	0.3	0.3	0.2	3.0

注：经济适用房按平均每户建筑面积≤80m²指标进行控制。

表4　浙江省各级城市办公楼停车位指标

项　目	机动车（停车位/100m² 建筑面积）			非机动车（停车位/100m² 建筑面积）	
	小城市	中等城市	大城市	内部	外来
机关行政办公楼	0.4	0.6	0.8	2.0	1.0
其他办公楼	0.3	0.4	0.6	3.0	1.0

表5　浙江省各级城市商业场所停车位指标

项　目	机动车（停车位/100m² 建筑面积）			非机动车（停车位/100m² 建筑面积）	
	小城市	中等城市	大城市	内部	外来
建筑面积≥10000m² 的商业建筑	0.4	0.6	0.8	2.0	8.0
1000m²≤建筑面积＜10000m² 的商业建筑	0.3	0.4	0.6	2.0	5.0
建筑面积＜1000m² 的商业建筑	0.2	0.2	0.3	1.0	2.0
建筑面积≥10000m² 的大型超市	0.6	0.8	1.0	2.0	10.0
农贸市场	0.2	0.3	0.4	2.0	8.0
专业市场	0.4	0.6	0.8	2.0	6.0

表6　浙江省各级城市餐饮、娱乐设施停车位指标

项　目	机动车（停车位/100m² 建筑面积）			非机动车（停车位/100m² 建筑面积）	
	小城市	中等城市	大城市	内部	外来
餐馆、酒店、茶楼等建筑	1.0	1.2	1.5	2.0	3.0

表7　浙江省各级城市旅馆停车位指标

项　目	机动车（停车位/客房）			非机动车（停车位/客房）	
	小城市	中等城市	大城市	内部	外来
一类	0.4	0.5	0.6	1.5	—
二类	0.2	0.25	0.4	1.5	—

注：1. 一类指星级宾馆，二类指其他普通旅馆。
　　2. 配套的餐饮、娱乐、商场设施停车位另计。

表8　浙江省各级城市影（剧）院停车位指标

项　目	机动车（停车位/100座）			非机动车（停车位/100座）	
	小城市	中等城市	大城市	内部	外来
剧场、市级影（剧）院	1.5	2.0	4.0	5.0	25.0
会议中心	—	3.0	5.0	3.0	20.0
一般影（剧）院	0.5	1.0	2.0	5.0	20.0

表9　浙江省各级城市图书馆、博物馆、科技馆停车位指标

项　目	机动车			非机动车	
	小城市	中等城市	大城市	内部	外来
停车位/100m² 建筑面积	0.2	0.4	0.6	1.0	4.0

3　实践步骤、内容与成果要求

3.1　实践步骤与内容（表10）

表10　实践步骤与内容

实践步骤		细化内容	本步骤目标
（1）住宅小区或公共建筑的区位分析		分析调研停车场（库）所服务的住宅小区或公共建筑在城市中的位置，绘制区位分析图	了解由区位（不同土地价值、不同交通可达性等）所决定的主要停车方式（地面/地下）及区位对停车位数量配置的影响
（2）住宅小区或公共建筑的基本情况分析	住宅小区	根据修建性详细规划总平面图计算总户数和统计低层、多层、高层住宅的具体数量	① 了解住宅小区总户数，为配置与校核停车位数量提供基础数据；② 判断停车位的设置是否方便居民存取车辆以及对小区整体环境的影响程度
		根据修建性详细规划总平面图确定住宅小区的机动车出入口位置	
		根据修建性详细规划结构分析图明确住宅小区的组团划分以及公共绿地、组团绿地的布局	

续表

实践步骤		细化内容	本步骤目标
（2）住宅小区或公共建筑的基本情况分析	公共建筑	明确公共建筑的性质与主导功能	①了解公共建筑总建筑面积或不同功能的各部分建筑面积，为配置与校核停车位数量提供基础数据； ②判断停车位设置是否方便公共建筑使用者存取车辆以及对公共建筑所在地块整体环境的影响程度
		计算公共建筑总建筑面积或各部分的建筑面积	
		根据公共建筑设计的总平面图确定公共建筑所在地块的机动车出入口位置	
（3）住宅小区或公共建筑地面停车场调查		分析地面停车场的布局方式（分散或集中停车），并统计总车位数	①掌握不同形状的地块、不同类型的用地所适宜采用的停车场布局方式与车辆停放方式； ②判断地面停车场车辆与行人出入流线的组织、地面停车场内部流线组织是否合理并提出优化建议； ③掌握地面停车场设计的评价维度与评价方法，为未来地面停车场设计提供借鉴
		明确地面停车场的出入口个数与位置	
		分析车辆停放方式（平行式、垂直式、斜列式）	
		测绘地面停车场的详细平面图	
		测量典型停车位的具体尺寸并绘制详图	
		分析车辆与行人出入地面停车场及其在停车场内部通行的流线	
		综合评价地面停车场的设计	
（4）住宅小区或公共建筑地下停车库（或停车楼）调查		分析地下停车库（或停车楼）的布局方式（分散或集中停车），并统计总车位数	①掌握不同形状的地块、不同类型的用地所适宜采用的地下停车库（或停车楼）布局方式与车辆停放方式； ②判断地下停车库（或停车楼）车辆与行人出入流线组织、地下停车库（或停车楼）内部流线组织是否合理并提出优化建议； ③评价地下停车库（或停车楼）设施配置、标识设计，掌握与地面停车场在设施配置与标识设计方面的差异及设计要点； ④掌握地下停车库（或停车楼）设计的评价维度与评价方法，为未来地下停车库（或停车楼）设计提供借鉴。
		明确地下停车库（或停车楼）的出入口个数与位置	
		分析车辆停放方式（平行式、垂直式、斜列式）	
		测绘地下停车库（或停车楼）的详细平面图	
		测量典型停车位的具体尺寸并绘制详图	
		分析车辆与行人出入地下停车库（或停车楼）及其在地下停车库（或停车楼）内部通行的流线	
		认知地下停车库（或停车楼）内部的各类设施	
		综合评价地下停车库（或停车楼）的设计	
（5）住宅小区或公共建筑停车场（库）使用满意度的调查		采用实地观察、问卷调查与访问调查相结合的方法，对停车场（库）使用情况及设计、运行、管理等方面的现存问题进行调查与分析	通过多种调研手段的综合运用，发现停车场（库）实际运营中存在的问题，并从设计、运行、管理等多个维度剖析原因，在现状约束条件下提出有针对性的提升策略
（6）住宅小区或公共建筑停车场（库）的规划设计、运营管理的相关思考		对停车位数量配置标准、不同类型停车场（库）的协同规划设计与管理、停车场（库）设置对居住环境或公共空间的品质所造成的影响等方面进行思考与分析	培养普遍联系与综合的思考方法，形成将停车问题与城市交通发展、环境可持续发展、城市规划协同管理等问题统筹考虑，寻求整体最优的思维模式

3.2 实践成果的基本要求

（1）停车场（库）所服务的公共建筑或住宅小区的区位与基本情况分析。

（2）停车场（库）的性质与规模分析。

（3）停车场（库）的总平面图与不同车型停车位的详细尺寸测绘。

（4）停车场（库）的人行、车行流线调查与分析。

（5）停车场（库）内部设施的认知与分析。

（6）对停车场（库）的使用者与管理者的问卷调查或访问调查，以及对停车场（库）使用满意度与运营管理的分析。

（7）对停车场（库）的规划设计、运营管理的评价、问题剖析与改善建议。

（8）对停车场（库）规划设计理念、物质空间设计、运营管理等方面的相关思考。

4 实践案例：上海宜家家居商场徐汇店配建停车场（库）调研

4.1 区位分析

上海宜家家居商场徐汇店（地址：上海市徐汇区漕溪路126号）位于内环高架路与沪闵高架路（均为城市快速路）交汇的漕溪北路互通立交西南侧（图1），两条快速路在商场附近共设置3个出口匝道，分别为内环高架路的漕溪北路出口、龙华西路出口和沪闵高架路的田林东路出口，机动车可达性较高。

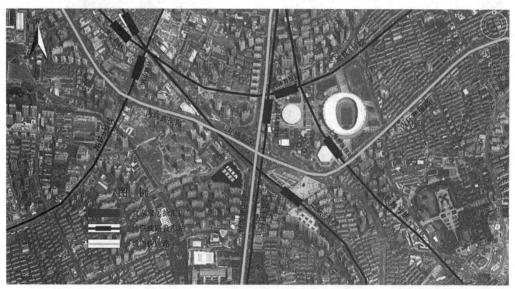

图1 上海宜家家居商场徐汇店区位分析

商场周边1km范围内共有地铁1、3、4、9、11号线5条线路经过并设站，其中1、4号线的上海体育馆站和3号线漕溪路站离宜家家居商场入口均在300m之内，商场东侧为一大型公交首末站，加上设置于周边道路的公交中途站，共有20余条公交线路在商场附近设站，据此判断，该商场的公共交通可达性极高，出行十分便利。

4.2 上海宜家家居商场徐汇店及其配建停车场（库）概况

上海宜家家居商场徐汇店占地 2.5hm²，主体建筑为 2 层，总建筑面积约 3 万 m²，主营业务为家具和家居用品的零售。本次所调查的停车场（库）为该商场的配建停车场（库），其停车主要采取集中式地下停车方式，地下停车库共计车位 809 个（具体分析见 4.3 节）。地面仅设置若干出租车临时停（候）车位和货物装卸车位，其中出租车进出采取共用出入口的方式，其出入口位于华石路（图2），出租车在宜家家居商场的出口处设置上落客点（图3），并利用回车场实现车辆的掉头（图4）。货物装卸车位位于宜家家居商场南侧，货运车辆的进出同样采取共用出入口的方式，出入口也设置在华石路，位于华石路地下停车库出入口西侧，货运车辆的进出采用独立通道，货运装卸车位直接与商场仓库相连（图5）。进出地面停车场及地下停车库出入口的流线分析如图6所示。

图2 华石路出租车出入口

图3 地面出租车停车位

图4 出租车回车场

图5 货运车辆卸货场

图 6　宜家家居商场地面停车场及地下停车库出入口流线分析

4.3　地下停车库的停车方式与停车位的设置

实地调查表明，该停车库除少部分采用平行式和斜列式停放外，大量采用的是垂直式停放，设计时采用了两侧停车，合用中间一条通道的方式，有效地节约了停车所占用的土地资源。地下停车库总平面图如图 7 所示。

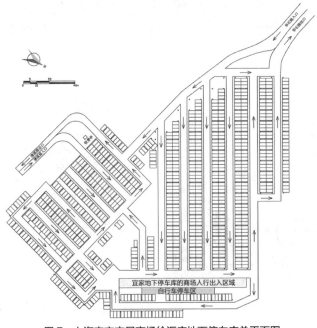

图 7　上海宜家家居商场徐汇店地下停车库总平面图

　　该建筑主要采用了 8.4m×8.8m 的柱网间距，因此大多数停车位在设计时采用每两根柱之间安排 3 个垂直式停车位，每个停车位的尺寸为 2.5m×5.0m（图 8、图 9），在靠近末端 1m 处设置一根铁杠以防止过度倒车。由于该停车位尺寸小于规范规定的小型汽车的停车位尺寸 2.8m×6.0m，在具体调查中发现，若两根柱间的 3 个车位均有小汽车停泊，则车门开启时略显拥挤，人们难以舒适地上下车，但垂直通道方向由于预留了 1.3m 的人行通道，若停泊的小汽车长度略超过 5.0m，也不会影响通道上车辆通行。

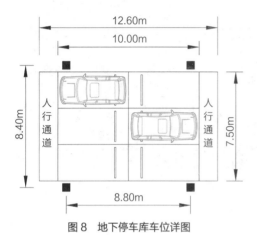

图 8　地下停车库车位详图

图 9　地下停车库车位实景

　　该地下车库为了方便携带小孩出行的家庭和残障人士，在靠近商场入口处专门设置了家庭专用停车位和残疾人专用停车位（图 10），此举虽较为人性化，但残疾人车位与普通车位尺寸相同，并未考虑到残疾人上下车需要更多空间。

图 10　地下停车库中的家庭专用车位与残疾人专用车位

　　由于该地下停车库规模较大，为方便购物者顺利找到自己的车位，停车库被人为划分为 A、B、C、D 4 个区域，并在柱上采用字母与数字组合的方式进行标注，通过色彩差异将停车库分为红、黄、蓝、绿4种颜色（图11），以增强停车区域的可识别性。由访谈得知，购物者基本都能在没有张贴平面图的地下车库顺利找到自己的停车位。

图11　易于识别的停车区域

图12　华石路地下停车库出入口

4.4　地下停车库出入口与内部流线分析

该地下停车库共设置有2个机动车出入口，分别连接商场北侧的华石路（支路）和商场东侧的漕溪路（主干路），其中华石路出入口为双向2车道，宽11.0m，该出入口机动车转向不受限制（图12），而漕溪路出入口为双向2车道，宽7.0m，由于漕溪路道路等级较高且停车场（库）出入口靠近交叉口，因此该机动车出入口为右进右出形式（图13、图14）。

图13　漕溪路地下停车库出入口

图14　漕溪路右进右出出入口

地下停车库内部的车流与人流采用部分混行方式，即在停车位的外侧划有约 1.3m 的人行通道，但在各个停车区域之间穿行则需与机动车流线穿插（产生冲突点），具体流线分析如图 15 所示，由于该地下停车库内限速 5km/h，车速较低，且车辆进出车库并非连续流而更多是间断流，因此采用人车混行的方式并不会对行人穿越车流在安全上造成负面影响。

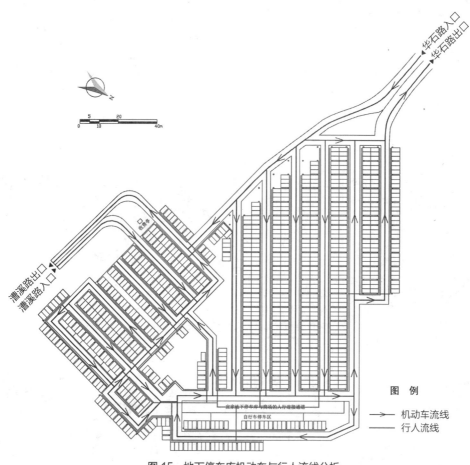

图 15　地下停车库机动车与行人流线分析

4.5　地下停车库内部设施的认知与分析

地下停车库内部设施较齐全，主要包括用来指引方向的各类指示设施、确保地下停车库运营安全的基础设施和为购物者提供方便的服务设施 3 类，具体如图 16 ~ 图 18 所示。

4.6　对地下停车库使用满意度的调查

除调查者实地观察地下停车库的设计与使用情况外，本调研还通过对地下停车库使用者发放调查问卷和进行访谈的方式，试图从使用者对停车库的满意度来审视该地下停车库的设计和运营。

（a）限高警示　　　（b）停车区域位置地面指示标志　　　（c）出入口方位指示　　（d）安全出口指示

图 16　地下停车库内部的指示设施

（a）消防水管　　　（b）灭火器材　　　（c）消防分区连接处的卷帘门　　　（d）通风管

图 17　地下停车库内部的安全基础设施

（a）垃圾桶　　　（b）反光镜　　　（c）照明设施　　　（d）购物车存放点

图 18　地下停车库内部的服务设施

问卷设计如下。

 关于上海宜家家居商场徐汇店地下停车库使用满意度的调查问卷

尊敬的驾驶员：

您好！为了解您对上海宜家家居商场徐汇店地下停车库使用的满意度，我们对您进行问卷调查，请根据您的实际情况和真实想法填写，协助我们完成这项工作。

请您在横线处填写相应内容，或在您认为正确的选项编号处打"√"。对您所提供的情况和基本信息仅作统计分析使用，我们将保密。感谢您的合作！

×××调研小组

1. 上海宜家家居商场徐汇店停车库使用情况及满意度
（1）您认为本停车库的出入口位置是否容易找到？
　　　A.容易找到　　B.一般　　C.难以找到，靠询问别人才找到
（2）您认为本停车库的停车位数量是否足够？
　　　A.足够　　B.尚可　　C.不够
（3）您认为本停车库内部的标识设计得是否容易识别或理解？
　　　A.易识别或理解　　B.一般　　C.难以识别或理解
（4）您认为停车库内部的行车顺畅程度如何？
　　　A.倒车不方便　　B.转弯不方便
　　　C.出口处爬坡不方便　　D.以上三项都较顺畅
（5）您认为您的停车位离商场入口的距离如何？
　　　A.较远，步行较累　　B.一般，可以接受　　C.很近，轻松到达
（6）您停车以后，在车库内行走，感觉是否安全？
　　　A.安全，车库内车辆行驶速度不快
　　　B.不安全，人与车混行，容易出交通事故
（7）您认为停车库的收费是否合理？
　　　A.费用偏高　　B.费用合理　　C.费用偏低
（8）您认为购物时将私家车停放在这里是否安全？
　　　A.安全，地下车库管理有序　　B.不安全，地下车库阴暗、人少，没有安全感
　　　C.不知道
2. 您的基本信息
（1）您的年龄
　　　A.18 ~ 30　B.31 ~ 45　C.46 ~ 60　D.60 岁以上

（2）您通常来宜家购物的频率

A.1 次 / 周　　B.1 次 / 月　　C.1 次 / 季度　　D.1 次 / 半年　　E.1 次 / 年

（3）您的月收入水平

A.2500 元以下　　B.2500 ~ 4000 元　　C.4000 ~ 8000 元　　D.8000 元以上

（4）您的私家车车型是 _____（品牌＋型号，如，奥迪 A4）

感谢您的配合，祝您购物愉快！

2014 年 6 月 12 日

本次调查共发放并回收有效问卷 50 份，从问卷反馈来看，使用者对该地下车库满意度较高的地方在于：①地下停车库提供了充足数量的停车位，通常情况下不用担心找不到车位；②停车库内部标识系统较完善，且易于理解，购物后能较容易地找到自己的停车地点；③地下停车库管理较好，购物者在此处停车的安全感很强。主要存在的问题如下：①部分停车位离卖场入口较远，步行距离偏长（尤其是携带物品时步行较累）；②地下车库的停车位偏小，宽度稍大的小汽车停放后开门上下车不方便，一些新手在访谈中还反映在出入车位时感到倒车和转弯略有难度；③在停车库内步行安全感不强，步行流线略混乱。

关于使用者集中反映的问题，调查者结合实地观察进行如下分析：

（1）由于商场的地下车库人行出入口并非位于地下停车库的地理中心，到达各个停车区域的距离相差较大，靠近华石路出入口的车位（A4、A5、A6、B4、B5 停车区）离开商场出入口的步行距离在 150 ~ 180m，对于购物完毕提着家具、家居用品等质量偏大货物的使用者来说，该距离显得较远。从车位的使用率来看，以上区域的停车位除节假日等购物高峰外，基本处于空置状态（图 19）。笔者提出的改善策略是通过适当减少停车位，改造成购物车储放点，供购物者将所购物品随购物车一起推到较远的车位，将货物装上车后就近归还购物车，减少负重行走距离的同时，增加离商场出入口较远处车位的利用率。

（2）地下停车库的车位偏小和进出略有不便的问题，主要受限于柱网间距的客观事实，属于设计方面的缺陷，故应从车库的运营管理上做出相应弥补，即增派管理人员，指挥车辆进出车位及寻找最佳的停放位置。

（3）由于该地下车库采用的是部分人车混行的流线设计，在车位附近的人行通道设置在垂直停车位和车行通道之间，并且仅采用画线的方式予以区分，可识别性不高，甚

图 19　距商场入口较远的空置停车位

至有些较长的小汽车停车后会占据这部分步行空间；在穿越停车区时，没有设置斑马线以及提示车辆减速的任何标志，都是购物者反映在地下停车库步行安全感不强的原因。笔者提出的改善策略是将车位附近的人行通道用彩色漆重点标出，并喷上"人行专用通道"的字体，使行人的路权予以凸显。需穿越停车区域的地方，每隔 25 ~ 30m 画出斑马线，以引导人们在此处穿越停车区域而非随意穿越，减少人流与车流的冲突点。

4.7 对上海宜家家居商场徐汇店停车场（库）规划设计与运营管理的思考

4.7.1 停车位配置数量

根据上海市机动车停车场（库）配置标准，商业场所（超级市场）的计量依据为建筑面积，规定的极限指标为 0.8 ~ 1.2 车位 /100m²，按照上海宜家家居商场徐汇店 3 万 m² 的建筑面积计算，需配置的停车位为 240 ~ 360 个，而实际配置了 809 个车位，远远超过了规定的标准。从实际调研中也发现，大多数时间该地下停车库大量车位处于空置状态，由于地下停车库造价高昂，且由于需要更严格的通风、照明、消防等设施，运营管理的成本高。此外，由于上海宜家家居商场徐汇店周边的公共交通网络（轨道交通、常规公交）非常发达，除需要购买大件家具和家居用品的消费者可选择小汽车外，在"优先发展公共交通"战略的倡导下，应鼓励纯粹逛店和小件物品购物者选择公共交通到达和离开商场。因此，在公共交通可达性很高的商场配建停车位时，笔者认为应参考当地的机动车停车场（库）配置标准的下限确定车位数量，通过交通需求管理的手段减少周边的机动车流，同时大幅提高公共交通的服务水平，将公共交通站点与商场之间的步行通道进行精心设计，以提高步行的舒适度，切实达到绿色、低碳出行的可持续交通发展目标。

4.7.2 停车位的利用率

上海宜家家居商场徐汇店的营业时间为 10：00 ~ 22：00（周一至周四）、10：00 ~ 23：00（周五至周日），地下停车库的开放时间分为白天（8：30 ~ 23：30）和夜间（23：30 ~ 次日 8:30）两个时段，其收费标准为白天 10 元 / 次、夜间 80 元 / 次。从实地调查发现，节假日的商业高峰期该地下停车库的停车位利用率较高，平时利用率仅在 50% 左右，在商业非运营时间段内的停车位使用率极低。

上述停车位利用率与商业运营时间的关系是商业设施的共同特点；与之相反，住宅区的停车场（库），通常呈现出白天空空荡荡、晚上车满为患的特征，这些现象是由不同性质的用地所引发的出行特征决定的。

地下停车库的建设成本较高，建成后若利用率低下，无疑是很大的资源浪费。住宅小区（尤其是老旧住宅小区）到了晚上就会集中爆发"停车难"的问题。若能将商业设施的停车位在夜间供住宅小区的住户使用，不但可将商业设施地下停车库的利用率从 12h 左右提高到 24h 使用，并且一旦制度上能有所创新，未来在规划设计中有关停车设施配置标准方面也可大大降低配置数量指标，达到资源节约和最大限度共享利用的效果。

虽然目前上海宜家家居商场徐汇店的地下停车库夜间对外开放，其停车位充足，理论上可以解决周边住宅小区的停车问题，但其高昂的收费则让很多周边居民望而却步（周边某中高档小区的停车费为 250 元 / 月），最后导致该地下停车库夜间使用率极低，单位车辆停放的管理成本高。若周边住宅小区的物业管理方能与宜家家居商场管理方达成协议，长期、廉价地租用该地下停车场部分车位的夜间使用权，则既可解决住宅小区夜间停车难的问题又可缓解宜家家居地下停车库使用率低下而管理成本高的尴尬，可谓双赢。

5　实践作业一：城市某住宅小区停车场（库）调研

请从你所在的城市中选择一个近 3 年建成的住宅小区，在了解该小区详细规划的前提下，对其地面停车场及地下停车库进行实地调研，并在实地观察的基础上，结合对停车场（库）使用者、非驾车住户的问卷调查和访问调查，发现该住宅小区停车设施设计的成功之处与现存问题，进行分析思考，从规划设计与运营管理两个层面提出改善意见与建议。调研的主要成果内容如下：

（1）住宅小区的区位分析。

（2）住宅小区的详细规划解读与技术经济指标分析。

（3）地面停车场（停车位）的布局形式、规模与停车位的详细平面图。

（4）地下停车库的总平面图与不同车型停车位的详细平面图。

（5）地下停车库的人行、车行流线分析图。

（6）地下停车库内部设施与标识认知分析。

（7）停车场（库）使用满意度与运营管理情况的调查分析。

（8）对住宅小区停车场（库）规划设计、运营管理及其对居住环境影响的评价与思考。

作业完成时间为 1 周，成果要求以 *.doc 报告形式和 *.ppt 汇报稿形式各 1 份提交。

6　实践作业二：城市公共建筑配建停车场（库）调研

请从你所在的城市中选择中心区某一大型公共建筑（如大型商场、超市、酒店、办公楼等），对其配建停车场（库）进行实地调研，并在实地观察的基础上，结合对使用者的问卷调查和访问调查，发现该配建停车场（库）设计的成功之处与现存问题，进行分析思考，从规划设计与运营管理两个层面提出改善意见和建议。调研的主要成果内容如下：

（1）停车场（库）所服务的公共建筑的区位与概况分析。

（2）停车场（库）的性质与规模分析。

（3）停车场（库）的总平面图与不同车型停车位的详细平面图。

（4）停车场（库）的人行、车行流线分析图。

（5）停车场（库）内部设施与标识认知分析。

（6）停车场（库）使用满意度与运营管理情况调查分析。

（7）对公共建筑停车场（库）规划设计与运营管理的评价与思考。

作业完成时间为 1 周，成果要求以 *.doc 报告形式和 *.ppt 汇报稿形式各 1 份提交。

Practice 5

实践5:

城市公共交通规划、
运营与管理调研

1 实践背景与目的

为了解城市现状公共交通设施和客运需求情况，掌握公共交通对城市市民的服务状况和水平，需对城市公共交通进行调研。通过文献调查、实地观察、问卷调查及访问调查（访谈）等多种调研手段，摸清城市公共交通线网的基本情况和各条线路的相关技术指标，并试图了解各公共交通线路上的乘客分布规律、乘客的平均乘距及平均乘行时间、各公共交通车辆的满载率等，分析各条公共交通线路在规划、运营与管理方面的现存问题，为未来城市公共交通专项规划或城市综合交通规划提供较为翔实的基础资料。为确保实践教学的普遍适用性，本调研主要针对常规公交进行，有轨道交通或快速公交（BRT）运行的城市，也可对这些大容量公共交通开展相应的调研。具体而言，包括如下内容：

（1）通过调查城市历年常规公交的线路条数、线路总长度、年客运量、运营车辆数、年运营里程、公共交通分担率等指标，掌握公共交通历年运营的基本情况，作为未来公共交通规划的基础数据。

（2）通过调查各条公交线路的起讫点、线路走向、站点设置、首末班车时间、发车频率、线路长度、线路非直线系数等技术指标了解公共交通线网的基本特征，为未来线路延伸、缩线、改线、站点增设、首末班车时间调整等公共交通规划与运营管理措施提供基础资料。

（3）针对具有特殊性的线路（如运营管理问题比较突出的线路、目前处于试点阶段的线路等）进行深入调研。通过实地观察了解线路的基本情况，如线路走向、公交站点的名称与位置、发车间隔等；通过多次跟车调查，记录调研线路各站上下车人数、到发时间以及路线上的受阻情况；通过对市民的问卷调查，了解市民对所调研线路的认知程度、乘客对公交运营的满意程度及集中反映的现状问题；通过对公交企业管理部门相关负责人和驾驶员进行访谈，从管理者和执行者的视角了解调研线路的现状问题与发展思路等。

2 实践基本知识概要

2.1 公共交通线路的基本参数

2.1.1 公交线路的分类

根据城市公交线路走向和城市空间结构的关系，一般可将其分为直径线、半径线、切线（或半环线）以及环行线4种类型。直径线即线路两端在市区边缘，线路穿过市中心繁华地区的线路类型；半径线即线路一端在市中心，另一端在市区边缘的线路类型；切线或半环线即线路两端连接城市外围片区，不通过市中心区的线路类型；环行线即在市中心外围形成环行线路的线路类型。

2.1.2 公交线路的长度

线路长度的确定要考虑与乘客出行需求的关系、与城市大小的关系、与运送速度的关系以及与线路条数的关系4个方面。根据乘客乘距的长短，长距离乘客多则线路应适当长些，反之可短些。根据城市规模，通常大城市线路长度等于城市半径，而中小城市多为直径线，线路长度为平均乘距的2~3倍，郊区线路长度视实际情况而定。从运送速度角度来看，线路长，终点停车时间显著减少，可提升运送速度。在线网密度一定的情况下，线路条数越多，则平均长度越小。

2.1.3　发车间隔

发车间隔是指前、后两辆公交车在公交始发站出发的时间间隔。发车间隔的选定通常折中了乘客的出行时间、方便性和公交公司的运营费用。线路的最长间隔根据该线路可接受的最低服务水平确定，称为政策间隔；线路的最小间隔由系统的物理特征（技术、开行方法、安全性要求）和车站运营指标（乘客乘降率、发车控制等）决定。

2.1.4　公交线路的非直线系数

公交线路的非直线系数是线路实际长度与空间长度之比，环形线路的非直线系数是对线路上的主要枢纽点来衡量。非直线系数大，会增加乘客的车内时间，使客流在断面上运载不均；非直线系数小，线路客流也会减少，增加换乘次数。根据经验，公交线路的非直线系数在1.2左右较适宜，最大不超过1.4。

2.2　公共交通服务水平的评价方法

公共交通服务水平与居民对公共交通的满意程度息息相关，也是公交企业运营管理水平的体现。公交服务水平可以通过安全性、方便性、迅速性、准点率、舒适性和高效性来衡量，具体指标如表1所示。

表1　公共交通服务水平评价指标的选择

衡量指标的类别	具体细化指标
安全性	公共交通车辆总行驶里程与行车责任事故次数的比率（万公里/次）
方便性	公交出行比例、线网密度、换乘距离、发车频率等
迅速性	出行时耗、公交运营速度等
准点率	准点次数占总行驶次数的比例、平均延误时间等
舒适性	高峰和平峰时期的车辆满载率、车型配置、非直线系数等
高效性	乘客信息获得难易程度、企业调度手段先进程度等

2.3　城市规划社会调查研究的主要类型

根据调查对象的不同，可将城市规划社会调查分为普遍调查、典型调查、个案调查、重点调查、抽样调查等基本类型。

普遍调查简称普查，是为了掌握被调查对象的总体状况，针对调查对象的全部单位逐个进行的调查，通常有填写报表与直接登记两种方式。例如，本实践案例1，对城市所有的公共交通线路逐一调查登记其线路名称、起讫点、长度、运营时段、发车间隔、线路性质与类型、非直线系数等，从而认识该城市中公共交通线路的基本情况。

典型调查是在对调查对象进行了初步分析的基础上，从调查对象中恰当选择具有代表性的单位作为典型，并通过对典型进行周密系统的社会调查来认识同类社会现象的本质及其发展规律的方法。

个案调查是指为了解决某一具体问题，对特定的个别对象所进行的调查，通过较详尽地了解个案的特殊情况，以及它与社会其他各方面的错综复杂的影响和关系，从而提出有针对性的解决对策。例如，本实践案例2，是针对金华市夜班公交K218这条线路的规划、运营与管理进行的个案研究。

抽样调查是一种用较少的元素或个体，去代表、反映总体的情况，是一种选择调查对象的程序和方法，应按照概率原理的随机原则抽取样本。抽样调查是目前发展最为迅速、未来应用最为广泛的一种社会调查类型。本实践案例2中，针对3类不同的目标人群，分别进行随机抽样调查，从而分别获得他们对夜班公交K218线路的规划、运营与管理的评价、意见和建议。

2.4 城市规划社会调查研究的主要方法及其优缺点

城市规划社会调研的主要方法可分为文献调查法、实地观察法、访问调查法、集体访谈法和问卷调查法5种。

2.4.1 文献调查法

文献调查法又称为历史文献法，就是搜集各种文献资料，摘取有用信息，研究有关内容的方法。该方法旨在了解与调查课题有关的各种知识、理论观点、调查方法、已有调研成果及有关的方针、政策和法律、法规，以及了解调查对象的历史和现状。

该方法的优点是调查范围较广、调查过程无介入且不受当事人心理和行为影响、书面调查误差较小、调查方便自由、调查的费用成本和时间成本低，但也存在文献落后于现实、信息缺乏具体和生动性、对调研者文化水平要求较高等缺点。

总体而言，文献调查法是一种基础性的调查方法，通常和其他方法一起结合起来使用，而且总是首先进行文献调查后做出综述，然后再用其他方法继续深入调查和研究。

2.4.2 实地观察法

实地观察法又称为现场踏勘法，指根据课题的需要，调查者有目的、有计划地运用自己的感觉器官或借助科学观察工具，直接考察研究对象，能动地了解处于自然状态下的社会现象的方法。该方法通常以观察记录表、观察卡片、调查图示和拍照摄像等方式记录成果。

该方法的优点是简单易行、适应性强、灵活度大，观察者直接感知客观对象从而能掌握第一手资料，调查结果也比较真实可靠，此外对于不能够、不需要或者不愿意进行语言交流的社会现象非常适合；但也存在难以进行定量研究，观察结果偏于表面化与偶然化，难以进行宏观调查，调查结果受观察者主观因素影响大，难以获得观察对象主观意识行为的资料等缺点。

2.4.3 访问调查法

访问调查法又称为访谈法，即访问者有计划地通过口头交谈等方式，直接向被调查者了解有关社会调查问题或探讨相关城市社会问题的方法。该方法可根据访问调查内容划分为标准化访问（结构式访问）和非标准化访问；按访问调查方式划分为直接访问（面对面交谈）和间接访问（电话、网络、书面问卷等方式）。

该方法的优点在于应用范围广、有利于实现访问者与被访问者的互动、易于深入探究和讨论、调查过程可控和可把握、调查成功率和可靠性高，但也存在受被访问者主观影响较大、某些问题不宜当面回答、调查材料和信息准确性有待查证、调查成本较大等缺点。

2.4.4 集体访谈法

集体访谈法又称为会议法，即通过召开会议的形式进行集体座谈和开展社会调查的方法，是访问调查法的一种扩展形式。相对于访问调查法而言，集体访谈法同时访问若干个被调查者，通过与若干个被调查者的集体座谈进行，除调查者与被调查者之间有互动外，还有若干被调查者之间的互动过程。

该方法的优点在于简便易行、工作效率较高、反映情况真实度高、有利于对访谈过程进行有效指导和控制，但也存在会议组织驾驭要求高、调查结论受强势群体影响、因时间有限而难以深入交谈、不适于讨论保密性与敏感性问题等。

2.4.5 问卷调查法

问卷调查法是调查者使用统一设计的问卷，向被选取的调查对象了解情况，或征询意见的调查方法。问卷调查属于标准化调查、间接调查（书面回答问题），以定量调查为主、通常采用抽样调查的方式进行。问卷调查法是目前社会调查最广泛的方法之一，为现代社会提供了一种高效的了解社会情况的途径。

该方法的优点在于范围广、容量大、回答方便、自由和匿名性、调查成本低廉，但也存在缺乏生动性和具体性、缺少弹性、难以定性研究、被调查者合作情况无法控制、问卷回复率和有效率较低等缺点。

3 实践步骤、内容与成果要求

3.1 实践步骤与内容（表2、表3）

表2 "公共交通基本情况调查"实践步骤与内容

实践步骤	细化内容	该步骤的目标
（1）城市（或片区）公共交通总体发展分析	通过文献调查法、访问调查法等方法获取最近1~2年城市（或片区）公共交通发展资料（包括公共交通线网的相关技术指标、公共交通发展面临的问题、公共交通发展政策等）	全面了解城市（或片区）公共交通发展的现状水平、现存问题与发展政策，为城市公共交通规划提供基本的信息支撑
（2）城市（或片区）公共交通线路基本情况的分类剖析	通过文献调查法、访问调查法等方法获取该城市（或片区）所有公共交通线路的基本信息	了解城市（或片区）各类公共交通线路的基本情况、技术特征、服务水平与现存问题，为未来某类或某条公共交通线路的调整或新辟提供充分依据
	对公共交通线路进行分类，并分析各类公共交通线路的技术特征	
	结合实地观察法、访问调查法，评价各类公共交通线路的服务水平，剖析各类公共交通线路的主要问题	

表3 "特定公共交通线路的规划、运营与管理的调研"实践步骤与内容

实践步骤		细化内容	该步骤的目标
（1）调研背景与调研目的分析		分析在当前城市公共交通发展阶段及政策下，选择调研线路的原因及调研的预期目的	明确调研目的与现实意义，使调研具有可行性
（2）调研方法的选择与调研框架的制定		在众多调研方法中选取适合本调研题目的方法，制定调研的技术路线	①选取多种适宜的调研方法，从不同视角剖析同一个问题；②制定清晰的技术路线，形成具有可行性的调研步骤
（3）具体调研过程	①实地观察（专业人员的视角）	调查该线路沿线车站的位置及设施配置、车辆配备等情况	①明确调研线路的车站设置、车站设施、车辆配备等方面存在的问题；②比较调研线路的路线设置、运输能力等方面在规划设计与运营中的差异，判断线路满足乘客出行需求的程度
		调查该线路运营的技术指标（如发车间隔、首末班车时间等）	
		进行多次跟车调查，统计各站上落客人数，分析该线路不同时段、不同区段的客流特征	
	②问卷调查（乘客、市民的视角）	分析被调查对象，并根据不同的调研目的对其合理分类	①分类设计与分发、回收问卷，使问卷的题设更有针对性，提高问卷调查的效率；②在抽样数量充足的前提下，以尽可能少而精准的问题较真实地反映调查者所关心的实际情况；③通过直接向乘客和市民实施问卷调查，促进城市规划与管理的公众参与，同时更深入发现调研公交线路的现存问题
		针对不同类别的被调查对象，有针对性地设计问卷	
		将初步拟定的问卷进行小范围试发、回收，发现问卷设计中的问题，并及时进行修订	
		大规模地发放各类问卷（300份左右）并回收问卷	
		统计问卷回收率、有效率，并判断是否需要补充调研	
		将所有有效问卷的数据用Excel或SPSS进行统计	
		针对其中的一项或有相关性的多项数据进行分析，试图发现问题并予以描述	
	③访问调查(访谈)(运营工作及管理人员的视角)	根据调研目的，确定访谈对象，列出待访谈内容的提纲	直接向一线工作者了解调研公交线路的现存问题、对问题的见解及该（类）线路未来发展的设想
		访谈驾驶员和公交运营管理企业相关负责人，了解他们对该线路规划、运营管理的看法	
		整理访谈记录，试图发现问题并予以描述	
（4）调研公交线路规划、运营与管理中的现存问题总结及原因剖析		将不同视角的调研结论加以整合，归纳出调研线路在规划、运营与管理中的问题	将不同方法调研的结果加以归纳与整合，总结现存问题，并试图找出问题产生的根源（如理念上的滞后、规划设计方案欠合理、管理措施不到位等）
		结合公共交通规划与设计的相关知识，剖析产生这些问题的本质原因	
（5）解决现状问题的基本思路与初步策略探析		结合该城市的现有条件（如财力、物质空间、已有的规划或设想），提出提升线路服务质量的规划、运营与管理措施	对能提升该线路服务质量的可行措施进行剖析，形成规划设计或运营管理的改善方案
（6）对该类线路规划、运营与管理的深入思考		分析调研线路的代表性和典型性，并对以调研线路为代表的一类线路在规划、运营与管理等方面进行深入思考，形成相应的结论（如规划设计的原则、运营与管理的方法等）	培养从特殊到一般的提炼能力，促使学生对某些规划设计方案、运营管理方法的可推广性进行深入思考与评析

3.2　实践成果的基本要求

（1）调研城市的公共交通发展现状，包括公共交通线网总长度、公共交通线网密度、营运线路条数、车辆数、公共交通分担率、公共交通的发展政策等。

（2）调研城市公共交通线路的基本情况，包括线路名称、起讫点、线路长度、首末班车

时间、发车间隔、线路性质、线路类型、线路非直线系数等技术指标，并对其做出基本评价。

（3）针对问题比较突出或具有典型性的某条或某几条线路，采用文献调查、实地观察、问卷调查、访问调查等方法，进行深入调查并剖析该线路在规划、运营与管理中的问题，进而提出初步的改善措施，并对该类型线路在规划、运营与管理方面进行相应的思考与总结。

4 实践案例1：浙江省金华市公共交通基本情况调查

4.1 金华市公共交通概况

金华市公共交通由金华市公共交通集团有限公司（后简称金华公交集团）负责运营，包括市区公交和城乡公交。截至2013年底，该公司拥有营运线路118条，营运车辆819辆，线路总长约2300km，公交从业人员2000余人。2013年全年公交客运人次逼近9000万，金华公交集团日发送客流已稳定在24万人次左右，公共交通分担率为16.2%。

2013年起，全省的"交通治堵五年计划"和"公交优先"战略开始落地，金华市区八一南街、双龙南街、李渔路、回溪街等主要城市公共交通通道建成双向公交专用车道11.2km，公交车高峰期运行速度明显提高。市区新增公交停靠站20个，优化提档20个，城乡道路计划建造的150个候车棚也已基本建成，城乡公交村村通达率达到97%。在满足夜间出行需求的指导思想下，金华市除延长5条主干公交线路的运营时间外，还于2013年8月起，开通首条夜班公交线路K218（其线路规划、运营与管理状况，将在"实践案例2"中进行重点调查与分析）。

4.2 金华市公共交通线路基本情况

通过走访金华公交集团客运管理相关部门，统计填写"公共交通线路基本情况调查表"（表4）。目前金华市的公共交通线路可分为6种类型。

（1）市区常规线路：包括直径线、半径线、切线等，通常情况下线路长度在9~16km，平均发车间隔在10~20min，该类线路的非直线系数较大，绝大多数都超过了最大非直线系数的合理值1.4，虽然金华公交集团认为这样开设线路能满足绝大多数市民的出行需求，但由于线路绕行过多，发车间隔较长，导致市民选择公交出行的时间成本大大增加，从而公交竞争力下降，分担率难以提升。

（2）连接市区与近郊区的常规线路：以半径线和切线为主，通常情况下线路长度在13~15km，非直线系数在1.4左右，基本贴近合理取值的上限，平均发车间隔为30~60min或固定班次，这些线路能基本满足近郊居民进城出行的基本需求，但由于发车频率较低，且车况较差（车体老旧、车内空间拥挤、无空调等），因此总体服务质量偏低。

（3）连接市区主要客流集散点与旅游风景区的旅游线路：由于金华市的风景旅游区均位于郊区，因此该类线路较长，通常在15km以上，平均发车间隔在40~60min或固定班次，这些线路的车辆舒适度较好（座位舒适、有空调），且非直线系数较低，线路基本无绕行，但发车频率偏低导致旅游公交的服务满意度仍然偏低。

（4）城乡公交线路：连接金华城市与周边农村地区的基本公交服务，发车间隔根据农村的人口密度、出行规律等在10～40min，线路非直线系数在1.2～1.4（合理区间），考虑到农村生活的特点，此类线路收班较早，几乎都在18：00以前，服务质量一般。

（5）通勤公交线路：主要承担金西开发区企事业单位上下班的接送，不对外开放，其本质与单位班车相似，该类线路非直线系数最低，在1.0～1.4，且停站少，直达性很高，服务质量较高，但由于受众面非常狭窄，不能惠及普通市民的出行需求。

（6）夜班公交线路：为满足市民夜间出行的需求而开设，目前仅有K218一条试点线路，运营时间为20：00～22：30，发车间隔在10～15min，非直线系数为1.34。本章将针对该线路进行深入调研，研究金华市夜班公交试点线路在规划、运营与管理方面的现状问题，并提出改善策略。

表4　金华市公共交通线路基本情况调查表

线路名称	起点	终点	长度/km	运营时段		发车间隔/min	线路性质	类型	非直线系数
				首班车	末班车				
K1	公交东站	浙中建材市场	13.0	6：50 7：20	17：10 17：40	10～30	市区线路	切线	2.71
K8	公交东站	职技院公寓	13.2	6：00	19：00	10～15	市区线路	直径线	1.67
K9	市商业银行	婺城区政府	16.9	5：50	20：40	10～15	市区线路	直径线	1.46
K11	公交东站	公交南站	11.5	6：00 6：40	19：00 19：40	10～15	市区线路	直径线	1.64
K12	公交东站	公交南站	8.8	6：00 6：30	20：30 21：00	7～15	市区线路	直径线	1.26
K13A	市药检所	浙江环球制漆	16.5	6：40 7：25	16：40 16：35	20～40	市区线路	直径线	1.83
K13B	市药检所	浙中模具城	15.0	6：40 6：50	16：40 17：40	20～40	市区线路	直径线	1.70
K18	市国土资源局	浙师大	9.5	6：20	20：20	15～20	市区线路	直径线	1.72
⋮	⋮	⋮	⋮	⋮	⋮	⋮	⋮	⋮	⋮
303	太阳城	山口	14.9	7：30 6：40	17：00 16：10	40～60	市郊线路	半径线	1.39
304	用电管理所	栅川	13.5	6：45 7：00	17：10 17：10	30～60	市郊线路	半径线	1.31
305	太阳城	仙桥	14.5	8：20	13：50	固定班次	市郊线路	半径线	1.71
⋮	⋮	⋮	⋮	⋮	⋮	⋮	⋮	⋮	⋮
Y3	公交南站	双龙风景区	20.7	6：50 7：50	16：00 17：00	40～60	旅游线路	直径线	1.29
Y5	婺州公园	双龙风景区	15.6	6：50 8：10	16：00 17：00	固定班次	旅游线路	半径线	1.30
⋮	⋮	⋮	⋮	⋮	⋮	⋮	⋮	⋮	⋮
501	金华汽车南站	汤溪开发区	31.1	6：30	17：30	30～40	城乡公交	—	1.16

续表

线路名称	起点	终点	长度/km	运营时段		发车间隔/min	线路性质	类型	非直线系数
				首班车	末班车				
K510	金华火车西站	澧浦	23.3	6：20	17：40	10～25	城乡公交	—	1.35
523	金华汽车东站	孝顺	27.4	6：30 5：55	18：10 17：20	15～40	城乡公交	—	1.38
⋮	⋮	⋮	⋮	⋮	⋮	⋮	⋮	⋮	⋮
T801	金龙湾公园	汤溪镇政府	30.7	7：10	21：00	固定班次	通勤公交	—	1.17
T802	金龙湾公园	洋埠镇政府	34.1	7：10	21：00	固定班次	通勤公交	—	1.08
T803	恒大百货	孝顺	31.9	19：00	19：30	固定班次	夜班城乡公交	—	1.39
K218	浙师大	金华商城	7.8	20：00	22：30	10～15	夜班市区公交	直径线	1.34

注：1. 运营时段首末班车标注为同一时间的，表示两端同时发出首、末班车，如K18在市国土资源局和浙师大的首班车时间均为6：20，末班车时间均为20：20；运营时段首末班车标注为不同时间的，第一行表示表格中的"线路起点"处的首末班车时间，第二行表示表格中的"线路终点"处的首末班车时间，如K11在公交东站的首班车时间为6：00，末班车时间为19：00，在公交南站首班车时间为6：40，末班车时间为19：40；

2. 当同一编号的公交线路存在主线与支线（或区间线）运营时，表格中以A、B……字母的方式以示区分，如K13线路全程为市药检所—浙江环球制漆，浙中模具城为该线路中的一个车站，即K13A是主线，K13B是支线（区间线）。

5 实践案例2：夜班公交线路规划、运营与管理调研——以金华市 K218线路为例

5.1 调研背景及调研目的

在交通拥堵日益严重，土地、能源与环境资源约束趋紧的背景下，"优先发展公共交通"已被确立为中国城市发展的重要战略。从《国务院办公厅转发建设部等部门关于优先发展城市公共交通意见的通知》（国办发[2005]46号）到《国务院关于城市优先发展公共交通的指导意见》（国发[2012]64号）的出台，以及至今已确立的共37个公交都市示范工程的创建城市，无不体现出政府大力发展公共交通的坚定决心与不懈努力。

中型城市普遍存在小汽车增速迅猛、交通拥堵时空范围扩大、公共交通分担比例低（如金华市2013年仅为16.2%）、慢行交通出行环境恶化等问题。以金华市为例，近年来政府虽不断加大优先发展公共交通的政策支持和财政投入力度，但常规公交发车频率低、线路覆盖范围小、公交运营收班普遍偏早（市郊线路在17：00左右、市区线路在20：00～20：40）等问题仍非常突出。中型城市夜间出行（指日班公交结束运营至当日24点间的出行）的夜班公交服务仍然是一大盲点，一定程度上抑制了市民夜间出行的意愿，提高了夜间出行的成本。

浙江省已提出以金华、义乌为中心城市的"浙中城市群"发展战略，客观上推动金华从中型城市向大城市发展，未来金华市的夜间出行量将显著增加，出行目的将趋于多元化。在全面爆发交通拥堵前，及时填补夜班公交的空白，提升夜班公交服务的竞争力，避免夜间出行结构被锁定为小汽车和出租车主导的路径，推动公共交通优先发展在时间上的延伸与覆盖，其重要性不容小觑。

结合浙江省"优先发展公共交通，治理城市交通拥堵"五年行动计划，金华市于2012年8月开通了第一条夜班公交试点线路K218。本调研即是通过调查市民对该线路的了解与支持程度、使用情况，探求夜间出行者的出行特征，了解市民对线路运营的满意程度和潜在需求，从而剖析夜班公交线路在规划、运营与管理中存在的问题，并试图从规划方法和运营、管理提质措施方面进行一些初步的思考。

5.2　调研方法的选择

本调研旨在从不同视角对K218线路的规划、运营与管理作全方位的了解，故在收集相关文献、网页等资料的基础上，采用实地观察、问卷调查与访问调查3种调研方法（表5）。实地观察是从调研者的视角，探求乘客出行特征及K218线路运营的基本特征；问卷调查是从市民的视角，通过不同的人群回答调研者所设计的差异化问卷，反映他们对夜班公交线路所持的态度；访问调查则针对公交企业管理负责人和驾驶员进行，探求企业管理者与执行者视角下的夜班公交运营与管理的得失。

表5　金华市夜班公交试点线路（K218）规划、运营与管理调研的步骤和内容

方法	具体步骤	细化内容	目标
实地观察	观察K218线路站牌，了解线路的基本情况	了解线路起讫点、中途站设置、首末班车时间、发车间隔等技术指标	从调研者视角发现问题
	进行多次跟车调研，记录相关数据	了解乘车舒适度，统计各站上落客人数、各时段车辆满载率、途中延误等数据指标	
问卷调查	针对3类人群（乘过K218、知道但未乘坐过K218、不知道K218），有针对性地设计问卷	初步设计问卷初稿，试发问卷并回收，针对问卷所暴露的问题进行问卷修改，定稿并印制（约300份）	从市民视角发现问题
	问卷的分类发放、填写、回收与统计及问卷有效性的审核	针对不同人群，选择合适地点发放问卷，指导问卷填写，回收、整理问卷并统计问卷有效率	
	问卷分析（特征描述与问题剖析）	使用SPSS对数据进行录入，并对单项数据或相关性数据的特征进行分析，找出线路规划、运营与管理中的问题，并剖析原因	
访问调查	对金华市公共交通集团有限公司有关负责人进行访问调查	了解开设夜班公交线路的原因、目前运营状况及未来夜班公交线路发展的设想	从管理者和执行者视角发现问题
		对问卷反映的问题，寻求管理者视角的解释	
	对夜班公交车驾驶员进行访问调查	了解驾驶员对开设夜班公交线路的态度	
		从驾驶员视角了解沿线客流量分布的时空特征	

5.3 调研过程与结果分析

5.3.1 现场观察

1. K218线路基本特征的获取

通过对K218线路站牌的现场观察，结合金华市地图分析可知，该线路全长7.8km，线路性质为直径线，线路走向贯穿金华主城区南北，线路串联浙江师范大学（高校）、北苑小区（大型居住区）、恒大百货（江北商业中心区）、人民广场（城市商务中心区）、金华商城（江南商业中心区）等主要交通吸引点（图1），开通初期运营时间为20：00～22：30，发车间隔为10～15min。

2. K218线路的站点考察与跟车调查

调研人员对K218线路沿线公交站点进行多次实地考察，并进行多次跟车调查，旨在了解K218线路公交站点的候车环境、公交车的乘车舒适度以及各站的客流情况等。

通过对公交站点候车环境的现场观察，调研人员发现：江北地区的K218线路公交站点候车环境较差，设施简陋，无雨棚和座椅，且由于灯光照明弱而导致站牌的可识别性较差（图2）。从环境对人的心理影响角度分析，夜间幽暗的环境会使人们在生理和心理上产生恐惧感，甚至与犯罪联系起来。因此，为促进夜间公交出行，应对公交车站的设施及照明进行更新改造（增加座椅、雨棚，加强站点周边灯光照明，夜班公交站牌用电子液晶屏显示等），提升市民的候车环境与安全感。

通过多次跟车调研，调研人员发现：由于夜间城市道路交通较通畅，K218线路的车速偏

图1 K218线路走向与站点设置

（a）江北

（b）江南

图2 K218在江北与江南地区的站点环境比较

图3 恒大百货站的集中上车人流

快，而车厢座椅所使用的材料防滑度不够，经常由于进站刹车或离站加速等惯性使乘客坐不稳或站立乘客前倾后仰，降低了乘客的乘车舒适度。从客流的时间分布来看，在20：30之前与22：00之后，K218线路上座率较低，21：30～22：00为上座率最高的时段；从客流的地点分布来看，K218线路乘客的上下车点集中在恒大百货、人民广场、少年宫等城市商业中心区的车站（图3），其中恒大百货车站在周末有时还出现了车上乘客数达到甚至略微超过额定载客人数的现象〔因篇幅关系，此处仅列出K218线路的一次跟车调查记录（表6、表7），实际调查中应多次、重复跟车调查〕。

表6 金华市夜班公交K218线路跟车调查表（一）

公交线路：K218　　　行车方向（上/下行）：下行
调查日期：2013.11.2　　天气：晴　　　调查人：×××

站名	序号	到站时间	离站时间	上客人数	落客人数	受阻记录
浙师大	1	—	21：07	2	—	
骆家塘	2	21：10	21：10	0	0	
柳湖花园南	3	21：12	21：12	0	0	
北苑小区	4	21：14	21：14	4	0	
育才小学	5	21：17	21：17	0	0	
金东环保分局	6	21：18	21：18	0	0	
人民医院	7	21：19	21：19	1	0	
恒大百货	8	21：21	21：22	14	0	
中国人保财险	9	21：23	21：24	6	0	
少年宫	10	21：28	21：28	0	3	
金华五中	11	21：29	21：30	0	9	
金发颐高数码广场	12	21：32	21：32	0	6	
金华商城	13	21：33	—		9	

表7 金华夜班公交K218线路跟车调查表（二）

公交线路：K218　　　行车方向（上/下行）：上行
调查日期：2013.11.2　　天气：晴　　　调查人：×××

站名	序号	到站时间	离站时间	上客人数	落客人数	受阻记录
金华商城	1	—	21：46	0	—	
金发颐高数码广场	2	21：47	21：47	0	0	

续表

站名	序号	到站时间	离站时间	上客人数	落客人数	受阻记录
金华五中	3	21：48	21：48	1	0	
少年宫	4	21：49	21：49	2	0	
中国人保财险	5	21：51	21：51	1	0	
恒大百货	6	21：53	21：54	35	1	
人民医院	7	21：57	21：57	3	1	
金东环保分局	8	21：58	21：58	0	0	
育才小学	9	21：59	21：59	0	1	
北苑小区	10	22：01	22：01	0	3	
柳湖花园南	11	22：03	22：03	0	4	
骆家塘	12	22：06	22：06	0	14	
浙师大	13	22：08	22：08	—	18	

注：K218 线路采用标准 8m 公交车，共计 21 个座位（不包括驾驶座）。

5.3.2 问卷调查

公共交通的主要服务对象是全体市民，因此问卷调查的对象确定为金华市市民，根据对K218线路了解程度以及是否乘坐过该线路，可将人群分为3类：知道且乘坐过K218线路的市民、知道但尚未乘坐过K218线路的市民、不知道K218线路的市民。为有针对性地了解3类市民对夜班公交线路的支持度、满意度及潜在需求等，故针对每一类特定人群分别制定相应的问卷（以A、B、C作为问卷代号）。问卷的基本信息部分则由3类人群共用。具体问卷如下。

关于金华市夜班公交线路的规划、运营与管理的调查

您好！我们是浙江师范大学的学生，为对金华市夜班公交线路的服务质量、乘客对其的知晓与支持程度进行调查，耽误您几分钟时间，请您根据实际情况在合适的答案上打"√"，或在_____中填上适当内容。我们会保证您的隐私，谢谢您的合作，祝您出行愉快！

浙江师范大学　城市规划系　×××调研小组

1. 您的性别（　　）。
   A. 男　　　　　　　　　　B. 女

2. 您的年龄（　　　）。

    A. 18岁以下　　　　　　　B. 18～26岁　　　　　　C. 27～35岁

    D. 36～50岁　　　　　　　E. 50岁以上

3. 您的职业（　　　）。

    A. 企事业单位工作者　　　B. 个体经营者　　　　　C. 自由职业者

    D. 学生　　　　　　　　　E. 退休人员　　　　　　F. 公务员

    G. 其他（请填写）

4. 您的月收入约（　　　）元。

    A. 1000以下　　　　　　　B. 1000～2000　　　　　C. 2000～3000

    D. 3000～4000　　　　　　E. 4000以上

5. 您是否知道目前金华市有一条试运营的夜班公交线路（K218）（　　　）。

    A. 知道且乘坐过（请继续填写问卷A）

    B. 知道但没乘坐过（请继续填写问卷B）

    C. 不知道（请继续填写问卷C）

问卷A

问卷编号A-_____

1. 请填写：您最近一次乘坐夜班公交（K218）出行的上车站点是（请在下表中选择代码）_____，上车时间是_____（请填写）；您的出发地距离公交站点需_____分钟的路程（请选择）。

    A. <2　　　　　　　　　　B. 2～5　　　　　　　　C. 5～8

    D. 8～10　　　　　　　　　E. >10

① 浙师大	② 骆家塘	③ 柳湖花园南	④ 北苑小区	⑤ 育才小学	⑥ 金东环保分局	⑦ 人民医院	⑧ 恒大百货	⑨ 中国人保财险	⑩ 少年宫	⑪ 金华五中	⑫ 金发颐高数码广场	⑬ 金华商城

2. 请填写：您最近一次乘坐夜班公交（K218）出行的下车站点是（请在下表中选择代码）_____，下车时间是_____（请填写）；您需要到达的目的地距离公交站点需_____分钟的路程（请选择）。

    A. <2　　　　　　　　　　B. 2～5　　　　　　　　C. 5～8

    D. 8～10　　　　　　　　　E. >10

| ① 浙师大 | ② 骆家塘 | ③ 柳湖花园南 | ④ 北苑小区 | ⑤ 育才小学 | ⑥ 金东环保分局 | ⑦ 人民医院 | ⑧ 恒大百货 | ⑨ 中国人保财险 | ⑩ 少年宫 | ⑪ 金华五中 | ⑫ 金发颐高数码广场 | ⑬ 金华商城 |

3. 您通常乘坐夜班公交K218线路的频率为（　　　）次/周。

    A. 1   B. 2   C. 3

    D. 4   E. 5   F. >5

4. 您乘坐夜班公交K218线路的候车时间一般为（　　　）分钟。

    A. <5   B. 5 ~ 10   C. 10 ~ 15

    D. 15 ~ 20   E. >20

5. 您选择乘坐夜班车的理由（　　　）（可多选）。

    A. 便宜   B. 方便   C. 安全

    D. 舒适   E. 其他（请填写）_____。

6. 您对夜班公交K218线路的运营时间（20:00 ~ 22:30）有何看法（　　　）（可多选）。

    A. 首班车时间太晚

    B. 末班车时间过早

    C. 首、末班车时间均合理

7. 您对夜班公交K218线路站点数量有何看法（　　　）。

    A. 偏多   B. 适中   C. 偏少

8. 您对夜班公交K218线路的车内空间有何看法（　　　）。

    A. 偏大（感觉空旷）   B. 适合   C. 偏小（感觉拥挤）

9. 您认为金华目前夜班公交需要改进的地方有（　　　）（可多选，按重要性排序）。

    A. 延长运营时间

    B. 增设站点

    C. 采用类似列车时刻表的公交时刻表，并定时发车，确保准点率

    D. 利用智能手机等通信工具，实时掌握夜班公交的行驶位置及到站时间

    E. 每隔一定距离设置扬招站，使乘客在扬招站实现招手即停，方便上车

    F. 其他（请填写）_____。

10. 您对金华市夜班公交未来发展有何意见与建议?

_____

本问卷到此结束,再次感谢您的配合!

2013年11月

问卷B

问卷编号B-_____

1. 您通过何种方式得知夜班公交K218线路（　　　）。

　　A. 媒体（电视、报纸、网络等）

　　B. 听他人说过

　　C. 看到过K218线路公交站牌

　　D. 其他（请填写）_____。

2. 您没乘坐过夜班公交K218线路的原因为（　　　）（可多选）。

　　A. 无夜间出行的需要

　　B. K218线路的行驶路线与本人出行的出发地或目的地无关

　　C. 有其他替代交通工具

　　D. 公交收班太早

3. 您对金华市开设夜班公交的态度是（　　　）。

　　A. 支持,理由是（请填写代码）_____（可多选）。

　　①促进金华夜生活　　　　　　②方便夜间出行

　　③比其他交通工具出行费用低　　④比其他交通工具安全

　　B. 不支持,理由是（请填写代码）_____（可多选）。

　　①乘坐出租车更方便

　　②拥有私家车,可满足"门到门"出行

　　③拥有摩托车或电动车,可满足"门到门"出行

　　④拥有自行车,可满足"门到门"出行

　　⑤步行即可满足出行要求

　　⑥其他（请填写）_____。

4. 在线路适宜的前提下,以下哪种方式会促使您考虑选择夜班公交出行

（　　　）（可多选）。

　　A. 延长运营时间

　　B. 增设站点

　　C. 采用类似列车时刻表的公交时刻表,并定时发车,确保准点率

　　D. 利用智能手机等通信工具,实时掌握夜班公交的行驶位置及到站时间

　　E. 每隔一定距离设置扬招站,使乘客在扬招站实现招手即停,方便上车

F. 其他（请填写）_____。

5. 您对金华市夜班公交未来发展有何意见与建议？

_____

本问卷到此结束，再次感谢您的配合！

2013年11月

问卷C

问卷编号C-_____。

1. 您觉得金华市是否需要夜班公交（　　）。

　　A. 需要（请填写2~5题）　　B. 不需要（请填写6~7题）

2. 您认为夜班公交与其他交通工具相比有何优势（　　）（可多选）。

　　A. 便宜　　　　　　　　B. 方便　　　　　　　　C. 安全

　　D. 舒适　　　　　　　　E. 其他（请填写）_____。

3. 请填写：您希望夜班公交的合理运营时间是____：____ ~ ____：____（注：目前K218线路的运营时间为20:00 ~ 22:30）。

4. 您可接受的夜班公交的候车时间为（　　）分钟。

　　A. <5　　　　　　　　B. 5~10　　　　　　　　C. 10~15

　　D. 15~20　　　　　　　E. >20

5. 您认为夜班公交沿途应经过（　　）（可多选）。

　　A. 交通枢纽（汽车站、火车站）　　　　　　B. 学校

　　C. 大型商场或商业中心　　　　　　　　　　D. 居住区

　　E. 商务办公楼

6. 您认为金华市不需要夜班公交的理由是（　　）（可多选）。

　　A. 出租车能够满足出行需要

　　B. 私家车（包括电动车、自行车、摩托车、小汽车等）能够满足出行需要

　　C. 金华夜间出行距离较短，步行即可满足出行要求

　　D. 其他（请填写）_____。

7. 您觉得可替代夜班公交的交通工具有（　　）（可多选）。

　　A. 出租车　　　　　　　B. 私家车　　　　　　　C. 摩托车或电动车

　　D. 自行车　　　　　　　E. 步行

本问卷到此结束，再次感谢您的配合！

2013年11月

调研组于2013年12月至2014年1月在K218线路沿线各站点、夜班公交车上、各主要大型居

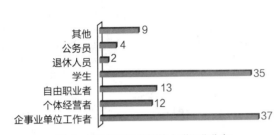

图4　乘坐K218线路的人群职业分布

住区、高校、公园及市民广场等地点随机发放问卷，共发放问卷360份，回收有效问卷337份（其中回答A问卷的112份，B问卷59份，C问卷166份），有效率为93.61%。调研组将所获得的数据输入SPSS进行统计，并紧扣调研目的进行结果分析。

1）K218线路乘客的职业分布

乘坐K218线路的人群主要是高校学生和企事业单位工作人员（图4）。学生和企事业单位工作人员受到作息时间影响，白天需要上课或上班，晚上是会友、逛街和购物的高峰时间；而在百货公司上班的职员下班时间大部分在21：30~22：00，他们收入一般，选择公交进行回程出行的概率较大。

2）市民对K218线路的知晓程度

问卷结果表明，知道与不知道K218线路的人数大致相当（171：166）。知道该线路的市民中，55.93%是因为看到了站牌才得知，通过媒体宣传（电视、报纸、网站等）获知金华市有夜班公交运营的人数仅占其中的23.73%，某种程度上反映出"公交优先"在金华市的媒体宣传力度有待加强。

3）市民对开设夜班公交的支持度

有关"是否支持开设夜班公交"的问题反馈结果表明，知道但尚未乘坐过K218线路的市民中，100%支持开设夜班公交；不知道K218线路的市民中，有90.36%认为金华市需要夜班公交，可见金华市民对开设夜班公交秉持着积极支持的态度。在有关"与夜班公交相比其他交通方式的优势"的问题中，市民普遍选择了方便、便宜、安全（图5）。

从上述调研结果可知，公共交通的经济性、便利性、安全性和公益性已在金华市民心目中得到了一定程度的肯定，另外也说明随着城市的发展，市民夜间出行的需求确实在增长。金华市应把握好这一重大机遇和时间窗口，提升试点线路的服务质量，探索夜班公交的规划、运营与管理经验，并择机开辟更多夜班公交，方面市民夜间出行。

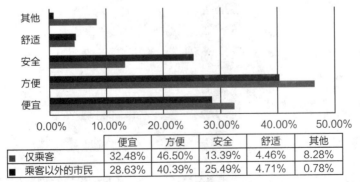

	便宜	方便	安全	舒适	其他
■ 仅乘客	32.48%	46.50%	13.39%	4.46%	8.28%
■ 乘客以外的市民	28.63%	40.39%	25.49%	4.71%	0.78%

图5　金华市民对夜班公交优势的感知

4）K218线路站点设置与周边交通接驳设施

从问卷调查结果来看，K218线路各站下车人数中，金华商城、浙师大、恒大百货、少年宫4个站的客流量相对较大，分别占到总人数的21.43%、16.07%、13.39%、11.61%。除恒大百货站因其地处城市商业中心，夜间活动的丰富性使之理所当然地成为客流集散的重要场所外，其他3个站的大客流，结合调查数据，可作进一步分析。

金华商城、浙师大为线路两端的首、末站，结合问卷A第2题的调研结果，在首末站下车后仍需选择其他交通工具8min以上才能到达目的地的人分别占50.00%和45.83%，一定程度上反映了乘客的目的地可能离开首末站仍有一定距离，故首末站的位置是否需在调查客流目的地的基础上通过适当延伸线路得以调整，或在首末站与其他准公共交通方式（如24h服务的公共自行车和出租车）无缝接驳，均值得探究（图6）。同样，少年宫作为下行线路过江后的第一站，周边无居住区分布，下车客流较大反映出市民在此换乘其他交通工具的需求，因此，也应考虑在该站附近设置公共自行车租车站和出租车上落客点等设施，相关运营与管理主体需参与协调，以实现多模式交通的共赢，从而减少小汽车出行所带来的种种弊端。

5）夜班公交运营时间的合理性

目前K218线路的运营时段为20：00～22：30。从问卷A的反馈情况来看，82.14%的乘客认为首末班时间合理，这仅能反映出大多数乘客能在自己需要乘车的时间内得到夜班公交服务，但结合调研人员的实地观察结果（20:30以前K218线路乘客稀少）和其他走向相似线路的运营时间（K18线路为6：20～20：20，K330线路为6：20～20：40）来看，K218线路首班车发车时间偏早，建议可以调整为20：30发首班车，而考虑到金华商业中心结束营业时间一般在21：30～22：00，故末班车22：30较为合理。

图6　K218线路金华商城终点站的交通接驳设施改造示意图

5.3.3　访问调查

从嘉兴、绍兴等浙江省其他城市的夜班公交线路设计中可发现，夜班公交线路通常会经过火车站、汽车站等客流量较大的交通枢纽，而本次问卷调查结果也表明，认为金华市需开设夜班公交的市民中，对于"公交线路应经过哪些类型的站点"这一问题，71%选择了"交通枢纽"，该选项位列各类交通吸引点之首，然而K218线路却既未途经火车站又未途经汽车站。这一问题必须通过对公交运营方——金华公交集团相关负责人的访问调查才能获得答案。公交运营的实际情况（如盈亏情况、客流量具体数据等），选择K218线路作为试点线路的理由以及未来增设夜班公交线路的意愿等，也是本次访问调查旨在了解的主要内容，调研者希冀从管理者的视角了解金华市夜班公交运营的现状与未来发展设想。此外，调研者还对K218线路的驾驶员进行了随机访问调查，从执行者的视角了解他们对运营夜班公交的态度和工作中存在的问题。以下是部分访问调查记录。

（1）对金华公交集团相关负责人的访问调查记录（2013年11月）

问：为什么选择K218线路作为首条试运营线路？

答：金华主要客流集中在八一路和双龙街，这两条路是主干路，周边分布了大量的学校、居住区、商业中心等。浙师大附近要求开设夜班公交的呼声较大。八一路江南地段居住区比较多，也有夜间出行的需要。

问：市民对K218线路运营的反馈意见如何？

答：总体反映较好，特别对于上夜班的人而言，可以说受到普遍欢迎。

问：K218线路试运营客流情况及盈利情况如何？

答：客流周一到周四较少，约200人/日，周五到周日较多，约700人/日，盈利是不可能的，公交基本都是亏损状态。

问：为何没有开设经过交通枢纽（火车站、汽车站）的夜班公交线路？

答：5年前曾开设过一条从火车站到工商城的夜间公交线路，刚开始是3辆车运营，后来减为1辆，亏损太大。在交通枢纽，出租车已能分担客流量，加上近年来电动车、私家车拥有率大幅提高，公交车似乎没啥必要了。

问：下一步公交集团有增设其他夜班公交线路的想法吗？

答：目前没有增设线路的想法，但会在现有线路运行情况和市民反映情况上适当考虑优化线路。

（2）对K218线路驾驶员的访问调查记录（2013年11月）

问：你们认为开设夜班公交这一举措好吗？

答：对于下班晚的人和晚上出门的学生来说是挺好的，但对于我们驾驶员而言太累了，早上6点上班，下午1点下班之后晚上8点又要上班了。

问：从线路运行来看，各个站点客流量如何？

答：总体还可以，每个站点冷热不均，恒大百货和江南各站点客流多一些。晚上8点左右没什么乘客，9点以后乘客就多起来了。

访问调查的结果表明，无论是管理者（金华公交集团）还是执行者（夜班公交驾驶员），对于夜间市民的出行需求都能积极响应，这是公共交通优先发展在时间上延伸的重要保障。公共交通作为公益事业，更多地应体现出社会效益，而不是本身的经济效益。从访问调查中，尤其是从对于"不在交通枢纽开通夜班公交线路"问题的回答中可以发现，公交企业对公共交通的正外部效应依然认识不足，作为集约化的低碳运输方式，公共交通的运行会促进中低收入群体减少因无奈而选择成本更高的出租车和一部分高收入群体考虑放弃私家车出行，所带来的交通噪声和空气污染的减少、能源的节约，都是城市所获得的更大的经济效益，因此政府应当对公共交通运行的"政策性亏损"给予大力补贴，以确保公交企业的收支平衡，提高企业运营夜班公交的积极性。

5.4 金华市夜班公交试点线路（K218）问题梳理、原因剖析与策略探究

将现场观察（调研者视角）、问卷调查（市民视角）和访问调查（公交企业管理者和执行者视角）所获得的反馈加以整合，可对夜班公交K218线路现存的主要问题进行梳理，剖析其原因并试图探究具有针对性的初步策略，具体如表8所示。

表8 夜班公交K218线路的现状问题、原因剖析与初步策略

现状问题	原因剖析	初步策略
夜班公交在市民中的知晓度偏低	宣传方式单一，手段落后，覆盖面严重欠缺	采用多元化宣传方式：车站公告、报纸、网络、车载视频、商业中心公益广告等
夜班公交首班车发车时间偏早	未考虑与日班公交的合理衔接	将首班车发车时间调整为相似线路日班公交结束运营后的 10 ~ 15min
夜班公交候车环境较差（车站设施简陋、照明不足等）	公交企业长期处于亏损状态，难以投入资金进行交通基础设施建设	争取政府补贴以增设候车亭、座椅等设施；对夜班公交车牌信息采取液晶显示或增加照明度等方式，提高可识别性
夜班公交车辆运行信息获取渠道缺失	公交企业自身发展资金筹措难度较大且缺乏与通信企业合作的理念	争取与企业合作，将车载 GPS 系统与智能手机软件应用结合，打造智能公交平台，使乘客实时掌握公交行驶位置与到站时间
线路与站点设置欠合理（线路偏少，站点数量不足，客流较大的站点与其他方式接驳设施缺失）	公交企业对客流需求调查不充分，对公交与出租车、公共自行车等其他交通方式的互补关系认识不够	（1）及时调查客流需求，根据夜间出行 OD 需求调整线路长度和站点设置，对大客流需求的 OD 适时增开夜班公交线路；（2）在换乘客流较大的站点，增设公共自行车租车站和出租车候客点，与相关企业协调，共同做好低碳交通方式的无缝换乘

5.5 有关中型城市夜班公交线路规划、运营与管理的思考

5.5.1 中型城市夜班公交线路规划的思考

1. 夜班公交线路与站点的设置

线路和站点是公共交通规划中的核心问题。通常情况下，由于土地使用性质的固定性，夜间出行的路径与相近目的的日间出行具有相当程度的一致性，故夜班公交线路在很大程度上是日班公交线路的重复或多条日班公交线路在高客流断面的线路整合。因此，在夜班公交线路规划前，应重点分析日班公交客流量较大的路段及客流分布特点，作为夜班公交线路走向的备

选方案。

夜间出行吸发点根据周边主要的土地使用类型，分为学校（含高校、中学等）、居住区、商业商务中心、文化娱乐中心和交通枢纽5类。调研表明，夜间出行的出发点高度集中于商业中心，其次为学校，这是由于夜间出行客流主要为购物者、服务业就业者和学生的返程出行。吸引点集中于居住区、学校、商业中心，其他类型所占比例较小，前两项与返程出行的目的地有关，而以商业中心为目的地的多为20：00～21：00出行的夜间购物者。由于受调查的线路并未经过交通枢纽，因此交通枢纽这一客流重要吸发点并未出现，但其重要性不应忽视。综合来看，在夜班公交线路规划中，应在重复或整合日班公交的基础上，尽可能地将交通枢纽、商业中心、居住区、学校等串接在线路中。

受天气、照明等不利因素的影响，夜间出行者倾向于将实际出发点至夜班公交站点的认知距离估计得比实际距离更长。为提升夜班公交的竞争力，应在不影响道路通行能力的前提下，尽可能将站点靠近居民的实际出行点（如居住区的人行出入口、交通枢纽的进出站口、商业中心主要商场或广场的出入口等）或公共自行车租车站设置，减少夜间步行距离。

2. 夜班公交线路长度与首末站

夜班公交线路长度的确定，既要较好地满足客运任务，同时应兼顾运营的经济性。线路过长，须在发车间隔不变的前提下增加运营车辆数，导致运营成本上升，或在车辆数不变的前提下加大发车间隔，导致公交竞争力下降。线路过短，乘客须在终点站下车后选择出租车或小汽车接驳才能抵达目的地，增加了出行成本。

夜班公交线路长度的确定，应满足市民普遍能接受的发车间隔，一定的车辆数能在线路上周转的前提下，使大多数乘客能选择夜班公交和步行、自行车接驳完成全程出行，一般中型城市夜班公交长度在5～12km。

夜班公交始末站选址对于发挥绿色交通的主导作用至关重要，始末站附近应有预留或改建成公共自行车租车站和出租车候客区的条件，以方便夜间远距离出行的乘客能在夜班公交到达终点站后，无缝接驳公共自行车或出租车前往目的地。

3. 夜班公交的站距

合理的站距是夜班公交线路规划的重要环节。问卷调查的结果反映，乘坐过试点线路的乘客认为目前最需要改进的问题是"增设站点"，知道但未乘坐过试点线路的人也认为在线路适宜的前提下增设站点能促进市民选择夜班公交出行。对于与日班公交线路重复系数较高的夜班公交，其站点设置应不少于相近线路的日班公交站点数，并可根据实际出行吸发点的位置适当增设站点。此外，由于夜间出行总量少于日间出行，夜班公交停站对道路通行能力的影响较小。为方便市民就近乘车，提升夜班公交的竞争力，拟采用较小的站距。

5.5.2 中型城市夜班公交线路运营与管理的思考

1. 夜班公交的首末班车时间

与日班公交重复系数较高的夜班公交线路，应与日班公交末班车在时间上衔接，通常可在日班公交结束运营后的10～15min开始夜班公交的首班运营。与日班公交线路走向差异较大的，则根据该线路乘客的出行需求特征确定，初期可将首班车暂定为该中型城市日班公交普遍收班时间后的10～15min，试运营中征求乘客意见并适时调整。

针对特定的夜班公交线路，应着重分析线路沿线的功能与业态，结合市民的出行习惯，研究其普遍及最晚的可能出行时间，在此基础上核定末班车时间。例如，某夜班公交线路经过火车站，若该城市火车站的列车到达高峰期在23：00左右，则该线路末班车可确定为23：30；又如，某夜班公交主要连接城市商业中心和居住区，商业中心的营业时间至21：30，则该线路末班车时间定为22：00即可。

2. 夜班公交的发车间隔

与日班公交相比，夜班公交候车人数较少，候车期间站点附近的活动（如购买报刊等）几乎不存在，加上市民在夜间的心理安全感趋弱，故候车时间长不利于提升夜班公交竞争力。中型城市夜间道路交通较顺畅，基本可确保公交车在规定的周转时间内准点运行，故可采用固定的公交运营时刻表，将具体班次的到站时间公布于公交站点和相关网站上，让需夜间出行的市民提前知晓并选择适合自己的班次，按时到站，减少等候。

在信息化高速发展的今天，有条件的城市应着力于开发公交车载GPS与站台实时显示系统、手机APP系统的联网运行，使夜间出行的乘客在站台的电子显示屏上了解下一班公交车离站点的距离和预计到站时间，或通过智能手机等通信工具，获取夜班公交的实时行驶位置及到站时间。

夜班公交不必追求相等的发车间隔。与城市功能密切相关的夜间出行特征是确定合理发车间隔的重要影响因素，在客流出行的高峰期应加密发车频率，低谷期可适当拉长发车间隔，如途经火车站的夜班公交应在夜间列车集中到达时段减少发车间隔，途经商业中心的夜班公交可在结束营业的下班高峰期加密发车频率。

6 实践作业

请对你所在城市（或城市中的某一片区）的公共交通基本情况，包括公共交通历年运营指标、城市公共交通设施建设、城市公共交通分担率、公共交通线路（含长度、起讫点、线路类型、特征、非直线系数等）进行调研，并选择其中的1或2条现状问题较为突出的线路进行跟车调查（分别在高峰期和平峰期、工作日和节假日进行），采用资料收集、现场观察、问卷调查、访问调查等多种调查方法，从规划、运营与管理的角度分析该公交线路的走向、线路长度、发车间隔、站点设置、管理措施、发展政策等方面的合理性与现存问题，剖析问题形成的原因，并试图提出初步改进方案。

针对城市（或城市中的某一片区）的公共交通调研，成果的主要内容如下：

（1）城市（或城市中的某一片区）公共交通的概况。

（2）城市（或城市中的某一片区）公共交通线路基本情况一览表及特征（或问题）描述。

针对重点调研的公交线路，成果的最终提交形式为《××市××公共交通线路调研报告》一份，按照调研报告的格式要求撰写（分为调研背景与调研目的、调研方法与技术路线、调研结果描述、对调研所反映问题的相关分析、对需解决的关键问题的深入思考、结语、附件、参考文献等部分），主要内容如下：

（1）重点调研线路的基本情况及跟车调查结果分析。

（2）针对重点调研线路的调研对象所设计的问卷，以及问卷调查所反映的现状特征或问题描述。

（3）针对重点调研线路的驾驶员和公交运营管理部门负责人的访问调查记录，以及访问调查所反映的现状特征或问题描述。

（4）重点调研线路的现存问题总结、原因剖析与策略初探。

（5）针对重点调研线路或以重点调研线路为代表的某一类公共交通线路在规划、运营与管理方面的相关思考。

作业完成时间为3周，成果要求以*.doc报告形式和*.ppt汇报稿形式各1份提交。

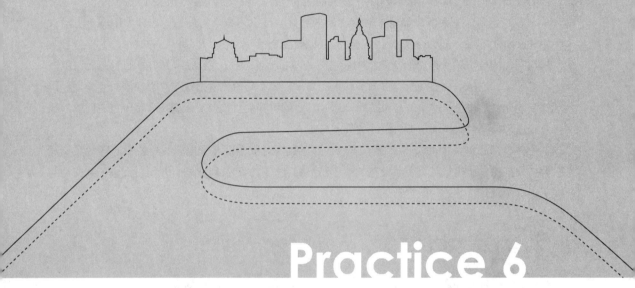

Practice 6

实践6：

城市公共交通枢纽
规划与设计

1 实践背景与目的

交通拥堵、城市蔓延以及与之伴生的环境污染严重、能源过度消耗、社会分化明显等现象已经成为中国大中城市普遍面临的问题。要切实解决这些问题，就必须走出就交通论交通的怪圈，立足于资源节约、环境友好、城市永续发展的高度，从问题的本源上，即城市功能布局与交通发展战略的耦合关系的角度来探究问题，并确立公共交通、慢行交通优先发展，使之成为未来城市交通的主体，同时对私人小汽车的不合理使用实行比较严格的限制。在此基础上，逐步将城市空间结构的发展模式从"摊大饼"的蔓延式外扩调整为依托公共交通走廊与枢纽结合的发展模式，即TOD（transit oriented development，公共交通导向的开发）。

越来越多的特大城市都通过轨道交通来支撑城市空间结构的外拓，部分大中城市也已开始建设BRT（bus rapid transit，快速公交）。以轨道交通或BRT车站为核心的城市公共交通换乘枢纽在锚固城市轴状拓展的空间结构中占有极其重要的地位，枢纽核心区的轨道交通或BRT、常规公交、出租车、小汽车、自行车和步行等多模式交通的无缝衔接与高效换乘对于交通组织的高效化、地块价值的提升与未来周边地区发展的引导极其重要。做到换乘客流流向明确、通道畅通、换乘便捷高效是枢纽设计的重点与难点。

本实践以城市中的轨道交通车站枢纽核心区为对象，旨在重点研究枢纽核心区各类交通换乘设施的一体化布局及交通设施与周边建筑的有机结合和立体化联合开发，促进公共交通与土地利用规划设计的一体化。

2 实践基本知识概要

2.1 轨道交通或 BRT 车站（枢纽）换乘设施布局与交通组织原则

轨道交通或BRT车站（枢纽）核心区的换乘设施布局与交通组织应以降低多模式交通之间的干扰、冲突以及提高各交通方式流线的顺畅性为前提，同时考虑车站类型和不同出行方式特征的差异性来进行规划设计。

不同交通方式换乘设施在空间布局上应遵循"公共交通与慢行交通方式优先"的原则，即将常规公交、自行车（含公共自行车）等换乘场地尽可能靠近轨道交通或BRT车站出入口布置，出租车和小汽车等换乘场地可布置在相对较远处。

在空间布局模式设计阶段，应明确以下4个问题：①轨道交通或BRT车站（枢纽）出入口的位置及形式；②换乘区域的位置及接驳方式；③功能区域布局；④各功能区的基本形式。在具体布局过程中，应遵循以下原则：①排除与车站（枢纽）核心区无关的交通，减少过境交通的干扰；②设置多个换乘场地时要明确各自所承担的功能，相互之间衔接顺畅；③人流与车流要尽可能实现分离，确保安全；④交通流尽量单向化，各类机动车辆的行驶路线宜分离设计，避免不同性质交通流之间的冲突或交叉影响；⑤必要时结合站点周边建筑空间进行连续性与立体化的设计，实现"零换乘"（短距离换乘）。

不同交通方式在交通组织上应注意以下要点。

（1）步行设施：人流是客运枢纽交通的主体，因单独地进行其流线设计，尤其是对于换乘关系显著的交通方式之间，应重点进行人流组织与设计。由于人行的移动自由度较高，应尽量使人行通道上人流通畅，避免人流与机动化交通方式过多交叉，无法避免且人流量较大时可采用立体过街（人行天桥或过街地道）设施解决；步行流线应避免迂回，视线上应保持直捷与顺畅。

（2）非机动车停车设施：所有轨道交通或BRT车站（枢纽）核心区均应配置一定规模的非机动车停车场，并设置遮雨棚（若利用高架轨道下的空间或闲置地下空间设置则可视具体情况不设遮雨棚）；考虑非机动车行驶的灵活性，应结合站点各出入口分散布置停车场，各停车场距出入口宜控制在50~80m；在用地条件有限时可结合周边建筑设置停放场地或采用立体式停放。

（3）常规公交车站：常规公交车站应尽量靠近轨道交通或BRT车站出入口设置，确保公交车辆的进出站流线顺畅，减少公交车辆绕行，同时应注意常规公交车站的上落客位与轨道交通或BRT车站出入口之间的连接顺畅（必要时可采用立体连接设施）；对于枢纽核心区范围内常规公交中途站的设置，与轨道交通或BRT线路平行的常规公交线路中途站距离轨道交通或BRT车站出入口宜在50~80m，与轨道交通或BRT线路垂直的常规公交线路中途站距离轨道交通或BRT车站出入口宜在100~250m。

（4）出租车上落客点：出租车上落客点的设置应不影响其他车辆通行，尽量采用港湾式停靠方式；出租车临时停靠点距离轨道交通或BRT车站出入口宜控制在100m内；对于大型的交通枢纽可在外围设置固定的出租车候车场地。

（5）小汽车停车设施：在交通枢纽型车站可设置固定的小汽车换乘（P+R）停车场，其他类型的车站仅配置少量小汽车停车位；有条件的情况下，小汽车停车场可设置直接连接轨道交通或BRT车站站厅的通道，其他情况下也应确保停车场与轨道交通或BRT车站出入口有方便的步行道联系；小汽车临时停靠点有条件处可单独设置，要求与出租车类似，无条件处可结合出租车落客点共同设置。

2.2 TOD 的基本概念及分类

TOD的代表人物是规划师彼得·卡尔索普，他提出TOD应强调"在区域层次整合交通体系"及"社区层次营建宜人的步行环境"。区别于传统规划，TOD理念认为区域的增长结构应和公共交通发展方向一致，应采用更紧凑的城市结构；以混合使用、适合步行的规划原则取代单一用途的区划控制原则；城市设计面向公共领域，以人的尺度为导向，而不是倾向私人地域和小汽车空间。

TOD概念引入国内后，依托轨道交通或BRT走廊与站点所形成的串珠状开发模式为中国城市的高效运输、节能减排和城市永续发展提供了新的思路与途径。具体而言，包括在公共交通车站周边的合理步行范围内，进行居住、就业或商业活动的高密度混合开发，为公交系统提供充足的乘客来源；地块设计时要创造出步行和自行车交通友好的环境；通过步行与自行车交通接驳有效拓展轨道交通或BRT站点的服务范围；对小汽车交通实施差别化的需求管理措施。

根据轨道交通或BRT车站自身的功能和周边的主要土地利用性质，可将车站核心区分为公共中心型、交通枢纽型、居住社区型和景观开放型，各种类型的特征与交通衔接、开发强度、业态选择的具体要求如表1所示。

表1　不同类型的轨道交通或BRT车站的特征与规划设计要点

	公共中心型	交通枢纽型	居住社区型	景观开放型
特征概述	车站周边地区多为公共服务设施，大型公共建筑较多，且多为片区乃至整个城市服务	车站附近有对外交通枢纽或大型市内交通换乘枢纽等，且站点与这些交通设施有直接或较直接的联系	车站周边以居住功能为主，开发活动已完成或基本完成，居民居住时间较长	车站周边具有自然、历史、人文等景观资源，对市内外人口具有较大吸引力
交通衔接	以公共交通、步行和自行车为主，严格限制小汽车换乘，公交设施重点考虑枢纽站配置	综合考虑小汽车、公共交通与轨道交通的换乘	重点考虑步行、自行车与公共交通的换乘需求，公共交通结合社区规划配置首末站功能	重点考虑小汽车与公共交通的换乘，换乘交通设施应尽可能结合建筑内部或地下设置，注重与景观的协调
开发强度	高	较高	中等	中等
业态选择	大型商业、金融、商务、办公、文体设施、娱乐休闲、餐饮零售设施，与车站大厅连为一个整体	大型商业、金融、商务、办公、会展、餐饮零售设施，与车站大厅连为一个整体	大型日用品商业、娱乐休闲、商贸、文化体育、零售设施、开敞空间等	城市观光场所、公共绿地、广场、土特商品商店、超市、娱乐休闲、餐饮零售设施、开敞空间等

2.3　车站上盖开发的概念

轨道交通或BRT车站上盖开发是指与轨道交通或BRT车站出入口直接相连的建筑物形式。该开发模式在香港大量运用，不仅对用地紧张起到缓解作用，更重要的是提供了一种公共交通与土地利用一体化的开发模式，有效促进了公共交通的使用效率，香港通勤交通中公共交通的机动化分担率已超过80%。上盖开发作为一种新的地产开发模式，为城市建设增加本已稀缺的土地资源，极大地方便和改善了广大市民的出行和居住条件，同时，这种城市轨道交通与沿线土地的联合开发策略将取得显著的社会效益和经济效益。统计数据表明，在国际城市规划中，轨道交通上盖开发已成为发展潜力最大、实用程度最高、抗风险能力最强的城市高效物业形式。

3　实践步骤、内容与成果要求

3.1　实践步骤与内容（表2）

表2　实践步骤与内容

实践步骤	细化内容	本步骤目标
（1）对设计任务的解读	明确规划设计范围，计算用地总面积	①判断在规划设计范围内换乘设施适宜采用的布局形式（平面/立体布局）；②判断轨道交通与其他交通方式的换乘界面的位置与换乘流线的衔接点
	根据交通需求预测提出的换乘交通设施的类型及规模计算所需换乘设施场地的面积	
	解读车站建筑的平面图和剖面图，了解车站台、站厅层的高程、站台的形式（岛式/侧式）、车站出入口的高程及在车站建筑中的位置	

续表

实践步骤	细化内容	本步骤目标
（2）枢纽核心区的区位分析	分析枢纽核心区在城市中的具体位置	判断枢纽类型（居住社区型/公共中心型/交通枢纽型/景观开放型），明确交通组织、功能与业态选择、开发强度等方面的设计原则
	解读上位规划或相关专题研究对设计地块的整体定位	
（3）枢纽核心区周边现状/规划道路分析	分析周边的道路等级，判断各道路承担的"通"或"达"的功能	① 从道路通行能力与枢纽集散能力的匹配程度入手，选定换乘设施出入口的位置；② 根据各道路横断面的路权分配现状，判断是否有改变断面宽度/形式的可能，从而设置过境公交中途站/出租车港湾式停靠站
	分析周边各条道路的横断面形式	
（4）换乘设施的布局规划	确定换乘设施布局的原则	①落实公共交通与非机动交通方式的场地应更靠近轨道交通车站出入口的布局原则；②将不同交通方式的换乘设施场地落实到给定的规划设计地块内
	确定公共汽车枢纽场站的选址与平面布局	
	确定自行车（含公共自行车）停车场（租车站）的选址与平面布局	
	确定出租车停车场/上落客点的选址与平面布局	
	确定小汽车停车场的选址与平面布局（含地下停车库出入口位置）	
（5）进出枢纽核心区的流线组织	组织各交通方式从周边道路出入换乘设施用地的交通流线，并绘制流线分析图	① 确保各交通方式的进出顺畅、各行其道；② 确保不同交通方式流线间的冲突与干扰已减少到最低程度
（6）多模式交通换乘流线的设计	设计各换乘方式间的交通换乘流线	① 实现换乘流线的立体化组织，确保换乘空间的紧凑化；② 实现步行流线的直捷、不迂回，确保平均换乘距离不超过180m
	计算相关性较强的换乘方式间的换乘最长、最短与平均距离，计算步行换乘时耗	
（7）基于TOD理念的枢纽核心区概念性城市设计方案的制订	分析枢纽核心区的土地价值及交通设施上盖开发的可能性	① 实现土地利用与交通的一体化规划设计，体现土地价值与交通可达性的耦合关系；② 实现换乘交通与开发项目吸发交通的相互分离；③ 确保建筑与城市空间形态的合理性及美学价值
	判断枢纽核心区适宜承载的功能（业态）及各功能间的比例关系	
	对枢纽核心区开发所引发的交通（机动车交通与步行、自行车交通）进行优化组织	
	分析建筑形态、公共空间与城市形态塑造的关系	

3.2 实践成果基本要求

（1）对规划设计任务的解读。

（2）轨道交通枢纽核心区区位分析及轨道交通枢纽类型的判断。

（3）轨道交通枢纽核心区周边道路（等级、横断面）分析与换乘设施出入口的选择。

（4）轨道交通枢纽换乘设施布局规划与设计。

（5）轨道交通枢纽核心区各交通方式的进出流线组织。

（6）多模式交通换乘流线的设计与分析。

（7）基于TOD理念的轨道交通枢纽核心区概念性城市设计方案。

4 实践案例1：南京轨道交通2号线仙林中心车站核心区交通与城市空间一体化规划设计

4.1 规划设计的背景与要求

南京轨道交通2号线已开通运营，加强各站点的交通换乘衔接、科学规划各种换乘设施用地和交通流线，是"优先发展公共交通"战略的重要支撑。仙林中心站位于《南京市城市总体规划（2007—2020）》提出的"一主三副"结构中的仙林副城中心区，未来还将有轨道交通8号线沿学海路地下运行，在仙林中心设站与2号线形成垂直换乘。轨道交通的高可达性对城市副中心的发展起到重大引导和支撑作用，因此车站核心区交通环境的塑造、功能业态的选择、空间形态的设计都尤为重要。案例地块的规划设计范围为东至学典路、西至学海路、南至仙林大道、北至杉湖东路，要求完成换乘设施布局规划、换乘流线组织及车站核心区概念性城市设计3项内容。

根据交通需求预测，需在仙林中心车站核心区（以下简称"枢纽核心区"）设置5条常规公交线路车站，其中4条为始发终到线路（本公交枢纽不含车辆夜间停放、清洗、检修等功能），1条为过境线路（需设置中途站）。小汽车停车位共需设置360个，其中40个须位于地面，其余可位于地下或停车楼。自行车停车位需设置普通自行车停车位200个以上和公共自行车租车站至少1处。

图1所示为枢纽核心区的Google Earth影像图，图2和图3所示分别为轨道交通2号线仙林中心站的平面图和剖面图（车站长140m，宽20.1m，高20.3m）。

图1 枢纽核心区影像图

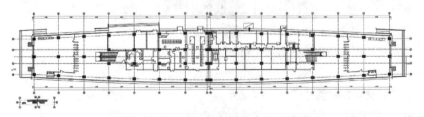

图2 轨道交通2号线仙林中心站平面图

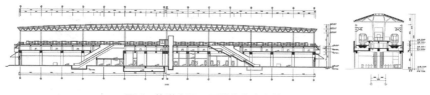

图3　轨道交通2号线仙林中心站剖面图

4.2　对设计任务的解读

4.2.1　换乘设施场地面积的估算与换乘布局模式的选择

根据交通需求预测，将4条始发终到常规公交线路引入枢纽核心区用地范围内，参考《城市公共交通站、场、厂设计规范》CJJ/T 15—2011中每辆标准车首末站"用地面积应按100～120m²计算"，按每条公交线路设置3个停车位计算，共计标准车12辆，即约需常规公交场站面积1200～1440m²。小汽车地面停车位按20～25m²/车计算，40个地面停车位需用地800～1000m²。出租车仅需提供上落客车位，用地规模可参考小汽车停车位用地标准计算。自行车按每车约1.5m²计算，200个停车位约需面积300m²，其中一部分可结合高架轨道下方的空间布局。

考虑到机动车辆出入的便捷性以实现高效客流集散，在匡算各方式交通换乘设施的面积并与设计地块面积进行比较后，判断枢纽核心区可采用交通设施平面布局模式。

4.2.2　车站建筑解读

由轨道交通2号线仙林中心站的平面图与剖面图可以判断，仙林中心站二层为高架轨道交通线路及岛式站台，一层为站厅层，出入口位于东、西两侧。因此轨道交通与其他交通方式的换乘界面（换乘衔接点）位于车站建筑一层的东、西两侧。

4.3　枢纽核心区区位分析

本设计地块位于《南京市城市总体规划（2007—2020）》所确定的"一主三副"结构的仙林副城的地理中心，是南京主城东拓和仙林副城发展的重要结点，定位该片区为仙林副城的公共服务中心。根据《南京市轨道交通线网规划》（2014—2020）年版，轨道交通2号线与8号线在此形成垂直换乘，必将带来大量客流。因此，从轨道交通车站类型上判断，该车站核心区属于公共中心型轨道交通站点，交通衔接上应以公共交通、步行为主，严格限制小汽车换乘；在功能上应考虑塑造集商务、商业、文化娱乐为一体的综合开发片区。

4.4　枢纽核心区周边道路分析与换乘设施出入口的选择

为对枢纽核心区周边道路的"通"、"达"功能进行分类，以及对换乘设施的出入口进行选择，须分析枢纽核心区周边的道路等级（图4）。轨道交通车站南侧为主干路仙林大道，西侧为主干路学海路（道路中央隔离带是未来轨道交通8号线的预留线位与施工场地），这两条道路主要承担"通"的功能，而北侧为次干路杉湖东路，东侧为次干路学典路，这两条道路更多地承担枢纽核心区"达"的功能，但因东侧道路距离轨道交通的换乘界面较远，道路距车站东出

图4 枢纽核心区周边道路等级分析

入口最近距离为280m，故判断换乘设施用地的出入口设置在杉湖东路。

由于在地块周边道路上，需设置过境公交线路的中途站与出租车停靠站，因此须对周边现状道路的断面形式（各交通方式的路权分配）进行分析（图5），并结合公交车站与出租车停靠站设计的要求，进行横断面形式的重新设计。根据交通换乘便捷化、短距离化的需求，考虑分别在学海路和杉湖东路对向设置一对公交车站，由于学海路为主干路，通过借用人行道设置港湾式公交站（图6），而杉湖东路则考虑利用交叉口展宽位置设置常规公交停靠站（图7）。

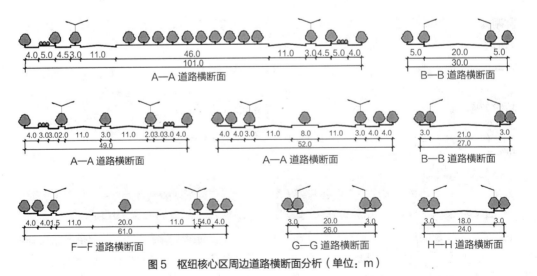

图5 枢纽核心区周边道路横断面分析（单位：m）

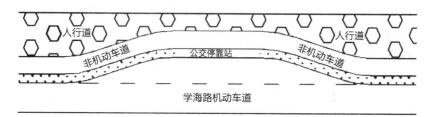

图6　学海路公交停靠站设计——借用人行道设置公交港湾式停靠站

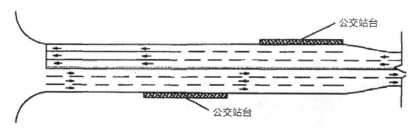

图7　杉湖东路公交停靠站设计——展宽车道与公交停靠站一体化设计

4.5　枢纽核心区换乘设施布局

4.5.1　换乘设施布局原则

以鼓励常规公交和B+R（自行车与轨道交通）换乘为原则，并根据不同交通方式之间换乘关系的强弱（轨道交通与其他交通方式之间的换乘为强联系）（图8），按换乘距离由小到大分别设置自行车停车场、常规公交枢纽场站、出租车上落客区、小汽车停车场，多模式交通间的换乘通过步行系统进行衔接，流线相互不交叉，合理实现无缝换乘。

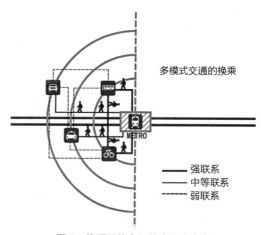

图8　换乘设施布局的空间优先度

4.5.2　各交通方式换乘设施布局

根据上述分析结果和各交通方式换乘设施的用地面积测算，各交通方式的换乘设施布局（图9）如下：

（1）自行车停车场分别设置于轨道交通车站站房北侧（靠近车站西侧出入口）和站房东侧高架轨道下的空间，共2处，各设置100个自行车停车位和1处公共自行车租车点。西侧出入口设置的自行车停车场兼顾未来与轨道交通8号线的短距离接驳。

（2）常规公交枢纽场站设置于轨道交通车站站房北侧，靠近2号线车站西侧出入口，同时通过步行通道实现与未来轨道交通8号线学海路东侧出入口的快速衔接。

（3）出租车由于仅需设置上落客站点，故考虑与小汽车地面停车流线同时从杉湖东路进

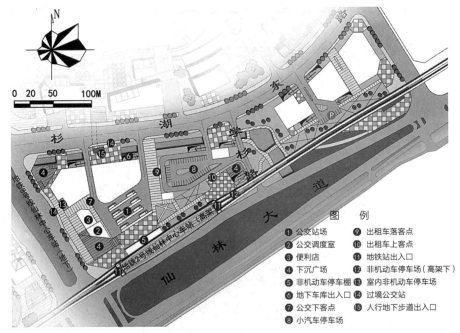

图9 枢纽核心区交通换乘设施布局暨地面层平面图

出，并在东侧新辟学杉路（支路）增加右转进入仙林大道的通道。落客点设置在公交枢纽站东侧、上客点设置在2号线车站东侧出入口以北，上落客流线均通过步行系统与轨道交通出入口衔接，与其他流线不交叉。

（4）小汽车地面停车场设置于车站站房北侧，靠近2号线车站东侧出入口，未来与轨道交通8号线的衔接通过地下步道实现连接。地下停车场则位于各换乘设施场地的地下二层（地下一层设置地下商业和连接轨道交通8号线的地下步道），通过3个地下车库出入口与地面道路衔接。

4.6 各交通方式进出枢纽的流线组织

考虑到常规公交与出租车、小汽车交通方式的客流性质、行车技术要求等不同，在杉湖东路设计两组单向出入口，分别组织公交车单进单出（图10）和出租车、小汽车交通的单进单出逆时针流线（图11、图12），减少流线交叉与冲突，确保各种交通方式进出顺畅、各行其道。自行车流线则采用就近进出的方式组织（图13）。

4.7 多模式交通换乘流线的设计

以换乘空间无缝化与紧凑化、换乘流线立体化与直捷化为基本原则，组织清晰的换乘流线，确保强相关性的换乘方式（轨道交通与其他交通方式的换乘）之间的平均距离不超过

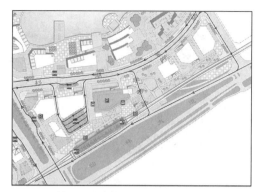

图 10　枢纽核心区常规公交流线

图 11　枢纽核心区出租车流线

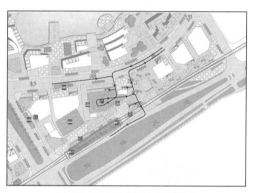

图 12　枢纽核心区小汽车流线

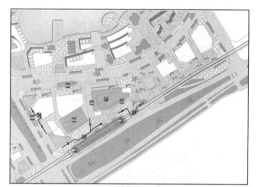

图 13　枢纽核心区自行车流线

180m，具体的各种交通方式换乘设施之间的分层衔接关系及换乘距离、步行换乘时间的量化数据见如图14所示。

4.8　基于 TOD 理念的枢纽核心区城市设计概念方案

轨道交通枢纽的高可达性，将给枢纽核心区地块带来巨大的土地价值提升，仙林中心站属于公共中心型轨道交通枢纽站，必将集聚大量的文化、娱乐、商业、商务等公共设施。除轨道交通车站外，公交枢纽场地可达性最高，故本城市设计采用公交场站上盖开发的模式，在公交枢纽场地上设置"裙房+塔楼"的地块标志性综合楼建筑——多层商业加高层酒店的业态组合，在小汽车停车场地块上盖开发商务楼。根据TOD开发的相关要求，本地区均位于TOD开发的第一圈层，应以商务功能为主，故在地块东侧设置商务办公楼。开发地块的建筑形态控制方面，设计注重新建建筑与城市道路形成良好的界面关系，其停车采用地面停车与地下停车相结合，以地下停车为主的方式，但与枢纽核心区换乘设施的停车分离设置。具体地块的概念设计如图15所示。

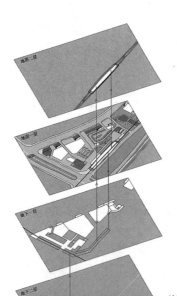

地铁与地铁换乘
最长换乘距离：170m
最短换乘距离：113m
平均换乘距离：141.5m
平均时耗：2.1min

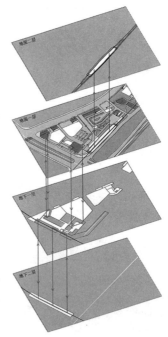

地铁与公交换乘
最长换乘距离：115m
最短换乘距离：49m
平均换乘距离：82m
平均时耗：1.2min

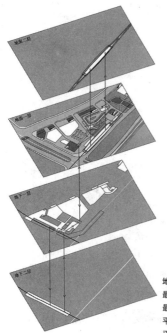

地铁与出租车换乘
最长换乘距离：256m
最短换乘距离：81m
平均换乘距离：168.5m
平均时耗：2.5min

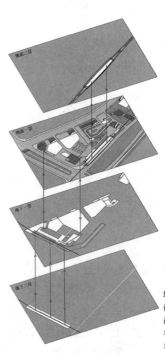

地铁与自行车换乘
最长换乘距离：111m
最短换乘距离：48m
平均换乘距离：79.5m
平均时耗：1.2min

图 14　轨道交通与其他交通方式换乘流线及换乘距离、时耗分析

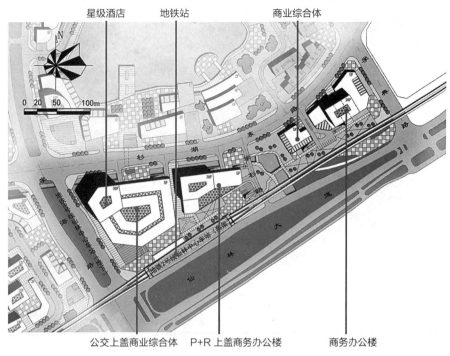

图15　枢纽核心区城市设计概念方案

5　实践案例2：南京轨道交通2号线经天路车站核心区交通与城市空间一体化规划设计

5.1　规划设计的背景与要求

　　南京轨道交通2号线已开通运营，加强各站点的交通换乘衔接、科学规划各种换乘设施用地和交通流线，是"优先发展公共交通"战略的重要支撑。经天路站是南京市城市空间依托轨道交通2号线东拓的重要结点，为2号线东端的始末站，未来将与来自龙潭方向的轨道交通15号线（市域线）在此实现对接，经天路站也是轨道交通15号线西端的始末站。轨道交通的高可达性对车站周边地区的发展将起到重大引导和支撑作用，对交通衔接的规划、功能业态的选择、景观环境的塑造都尤为重要。案例地块的规划设计范围为东至荣境路、西至经天路、南至学南路、北至仙林大道，要求完成换乘设施布局规划、换乘流线组织及车站核心区概念性城市设计3项内容。

　　根据交通需求预测，需在经天路车站核心区（以下简称"枢纽核心区"）设置6条常规公交线路车站，其中5条为始发终到线路（本公交枢纽不含清洗、检修等功能），1条为过境线路（需设置中途站）。由于该车站是交通枢纽型车站，具有截留进城小汽车、换乘轨道交通进城的P+R功能，故规划至少设置地面小汽车停车位350个，其余可位于地下或停车楼。自行车停车位需设置普通自行车停车位200个以上和公共自行车租车站至少1处。

图16 枢纽核心区影像图

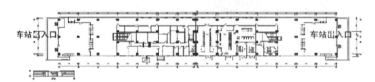

图17 轨道交通2号线经天路站平面图

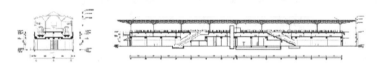

图18 轨道交通2号线经天路站剖面图

图16所示为枢纽核心区的Google Earth影像图，图17和图18所示分别为轨道交通2号线经天路站的平面图和剖面图（车站长140m，宽19.5m，高18.7m）。

5.2 对设计任务的解读

5.2.1 换乘设施场地面积的估算与换乘布局模式的选择

根据交通需求预测，将5条始发终到常规公交线路引入枢纽核心区用地范围内，参考《城市公共交通站、场、厂设计规范》（CJJ/T15—2011）中"每辆标准车首末站用地面积应按100~120m²计算"，按每条公交线路设置3个停车位计算，共计标准车15辆，考虑平时停放车辆5辆，即需常规公交场站面积2000~2400m²。小汽车地面停车位按20~25m²/车计算，350个地面停车位需用地7000~8750m²。出租车考虑在周边道路上和枢纽核心区内部各设置一个停靠站，提供上下落客车位，用地规模可参考小汽车停车用地标准计算。自行车按每车约1.5m²计算，200个停车位约需面积300m²左右，其中一部分可结合高架轨道下方的空间布局，另一部分考虑在经天路东侧辟出专用自行车停车场地。公共自行车租车站结合轨道交通出入口就近布置。

考虑到机动车辆出入的便捷性以实现高效客流集散，在匡算各方式交通换乘设施的面积并与设计地块面积进行比较后，判断枢纽核心区可采用交通设施平面布局模式。

5.2.2　车站建筑解读

由轨道交通2号线经天路站的平面图与剖面图可以判断，经天路站二层为高架轨道交通线路及岛式站台，一层为站厅层，出入口位于东、西两侧。本规划建议15号线经天路站也采用岛式站台，二层为高架轨道交通线路及站台，一层为站厅层（与现有2号线共用车站站厅，即2号线车站站厅向南扩建），出入口位于东、西两侧。因此，轨道交通与其他交通方式的换乘界面（换乘衔接点）均位于车站建筑一层的东、西两侧。

5.3　枢纽核心区区位分析

本设计地块位于《南京市城市总体规划（2007—2020）》所确定的"轨道引导、枢纽支撑"的东拓发展轴上的轨道交通2号线东端的始末站，是南京主城东拓的重要结点，也是未来与市域轨道15号线进行衔接的主要场所，因此可定位为重要的市内交通和市郊交通的换乘枢纽。该车站核心区属于交通枢纽型轨道交通站点，高效的交通衔接与无缝化、人性化的换乘设施布局是重中之重，在交通设施配置上除考虑公交优先、慢行友好外，还应着重考虑小汽车的停车换乘（P+R）；在功能上则可依托交通枢纽带来的巨大人流进行适量的商业、商务综合开发。

5.4　枢纽核心区周边道路分析与换乘设施出入口的选择

为对枢纽核心区周边道路的"通"、"达"功能进行分类，以及对换乘设施的出入口进行选择，须分析枢纽核心区周边的道路等级（图19）。轨道交通车站北侧为主干路仙林大道（由于

图 19　枢纽核心区周边道路等级分析

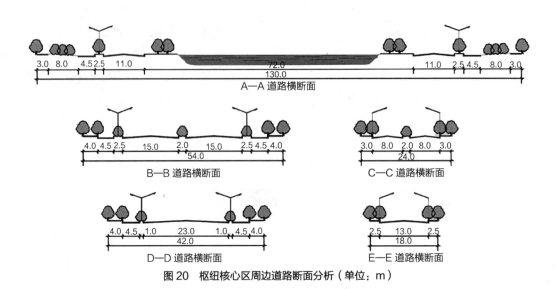

图20　枢纽核心区周边道路断面分析（单位：m）

道路中央有水系与绿地，总宽度达130m），西侧为主干路经天路，这两条道路主要承担"通"的功能，而南、东侧为城市支路学南路，由于道路以南为龙王山，因此学南路仅需为道路北侧的枢纽核心区服务，该道路主要承担枢纽核心区"达"的功能，故换乘设施用地的出入口应设置在学南路。

由于在地块周边道路上，需设置过境公交线路的中途站与出租车停靠站，因此须对周边现状道路的断面形式（各交通方式的路权分配）进行分析（图20），并结合公交车站与出租车停靠站设计的要求进行断面形式的重新设计。根据交通换乘便捷化、短距离化的需求，考虑分别在仙林大道南侧和北侧对向设置一对公交车站，南侧公交站设置靠近轨道交通车站出入口，北侧公交站则通过地下通道连接南侧的步行通道，实现常规公交与轨道交通之间的换乘。在经天路上靠近轨道交通车站出入口处设置一处港湾式出租车停靠站。

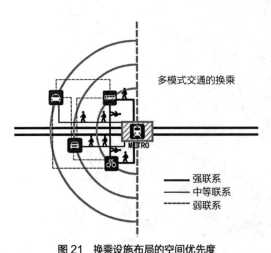

图21　换乘设施布局的空间优先度

5.5　枢纽核心区换乘设施布局

5.5.1　换乘设施布局原则

以鼓励常规公交和B+R（自行车与轨道交通）换乘为基础，同时结合交通枢纽型轨道交通车站的特点，强化P+R（小汽车与轨道交通）的换乘，有效截流进城小汽车交通，形成不同交通方式之间换乘关系的强弱联系（轨道交通与其他交通方式之间的换乘为强联系）（图21），按换乘距离由小到大分别设置自行车停车场、常规公交枢纽场站、小汽车停车场、出租车上落客区，多模式交通间的换乘通过步行系统进行衔接，流线相互不交叉，合理实现无缝换乘。

5.5.2　各交通方式换乘设施布局

根据上述分析结果和各交通方式换乘设施的用地面积测算，各交通方式的换乘设施布局（图22）如下：

（1）自行车停车场分别设置于轨道交通车站站房西南侧（靠近车站西侧出入口）和站房东侧高架轨道下的空间，共2处，各设置100个自行车停车位和1处公共自行车租车点。

（2）常规公交枢纽场站设置于轨道交通车站站房南侧，靠近车站西侧出入口。常规公交过境线路由西向东方向车站设置于轨道交通车站站房北侧，由东向西方向车站设置于仙林大道北侧，通过地下通道跨越仙林大道与车站站房东侧的步行通道实现衔接。

（3）小汽车地面P+R停车场设置于车站站房南侧，靠近轨道交通车站东侧出入口。

（4）出租车由于仅需设置上落客站点，故考虑与常规公交进出枢纽站流线同时从学南路进出。落客点设置在公交枢纽站东侧，靠近轨道交通车站东侧出入口；上客点设置在轨道交通车站西侧出入口以南，靠近轨道交通车站西侧出入口。上落客流线均通过步行系统与轨道交通出入口衔接，与其他流线不交叉。

5.6　各交通方式进出枢纽的流线组织

本规划采用单向流线组织常规公交、出租车和小汽车进出枢纽，减少流线交叉与冲突，确保各种交通方式进出顺畅、各行其道。其中，常规公交、出租车交通共用一个进口，通过专用车道的方式进入各自的枢纽场地。常规公交和出租车组织单向逆时针流线（图23、图24），

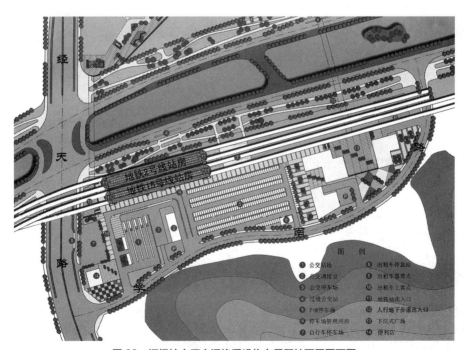

图22　枢纽核心区交通换乘设施布局暨地面层平面图

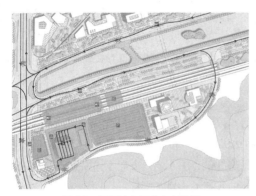

图 23　枢纽核心区公交车流线

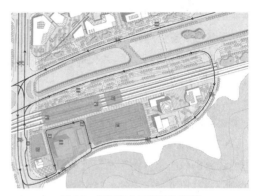

图 24　枢纽核心区出租车流线

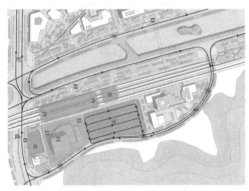

图 25　枢纽核心区小汽车流线

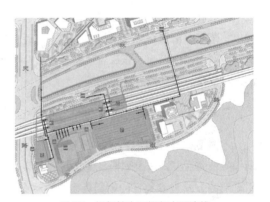

图 26　枢纽核心区慢行交通流线

小汽车组织单向顺时针流线，入口与常规公交、出租车进入枢纽的入口合并设置，出口设置在停车场东侧管理用房附近，便于根据停车时长收费（图25）。自行车流线则采用就近进出的方式组织（图26）。

5.7　多模式交通换乘流线的设计

以换乘空间无缝化与紧凑化、换乘流线立体化与直捷化为基本原则，组织清晰的换乘流线，确保强相关性的换乘方式（轨道交通与其他交通方式的换乘）之间的平均距离不超过150m，具体的各种交通方式换乘设施之间的分层衔接关系及换乘距离、步行换乘时间的量化数据如图27所示。

5.8　基于 TOD 理念的枢纽核心区城市设计概念方案

轨道交通枢纽的高可达性，将给枢纽核心区地块带来巨大的土地价值提升，经天路站属于交通枢纽型轨道交通枢纽站，未来将承担大量的换乘客流，参考上海莘庄地铁站、上海龙阳路地铁站等衔接城市轨道与市域轨道所形成的两线或多线换乘枢纽的核心区开发经验，在枢纽核心区对商业、商务等设施将产生较大需求。但由于本地块北临130m宽的主干道仙林大道，南侧临龙王山，地块呈东西向狭长形分布，除枢纽场站用地外，可用于开发的土地面积有限，

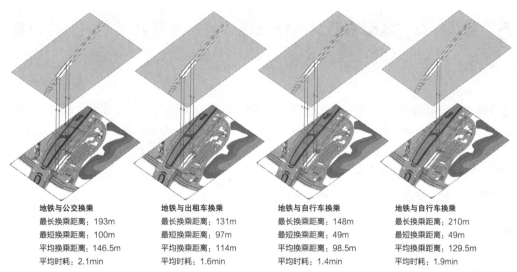

地铁与公交换乘
最长换乘距离：193m
最短换乘距离：100m
平均换乘距离：146.5m
平均时耗：2.1min

地铁与出租车换乘
最长换乘距离：131m
最短换乘距离：97m
平均换乘距离：114m
平均时耗：1.6min

地铁与自行车换乘
最长换乘距离：148m
最短换乘距离：49m
平均换乘距离：98.5m
平均时耗：1.4min

地铁与自行车换乘
最长换乘距离：210m
最短换乘距离：49m
平均换乘距离：129.5m
平均时耗：1.9min

图 27　轨道交通与其他交通方式换乘流线及换乘距离、时耗分析

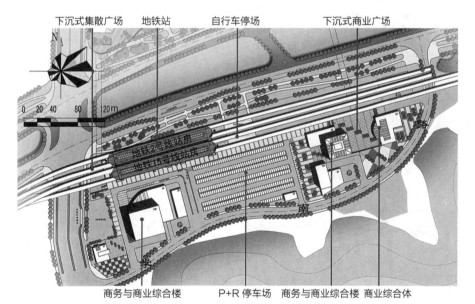

图 28　经天路车站核心区城市设计概念方案

考虑到常规公交带来的可达性相对最高，故城市设计中采用公交场站上盖开发的模式，在公交枢纽场地上设置"裙房+塔楼"的地块标志性综合楼建筑——多层商业加高层商务楼的功能组合。地块东侧结合下沉式广场周边开发商务与商业综合楼和商业综合体一处，将土地利用效率与交通可达性实现高度耦合，符合TOD开发中第一圈层的主导功能设置要求。商务与商业开发的停车采取地面停车与地下停车相结合，以地下停车为主的方式，并与枢纽核心区换乘设施的停车分离设置。具体地块的概念设计如图28所示。

6 实践作业：城市轨道交通枢纽核心区交通与城市空间一体化规划设计

针对南京市轨道交通2号线羊山公园车站核心区（设计范围为东至羊山湖、西至次干路仙境路、南至主干路仙林大道、北至羊山湖北侧的环园路），结合地块影像图（图29，图中已标注设计范围线），以及羊山公园站的建筑平面与剖面图（车站长141m，宽17.9m，高17.9m）（图30、图31），进行交通换乘设施布局与流线设计，并结合景观开放型轨道交通枢纽站的特点进行概念性城市设计。

图29 羊山公园车站核心区影像图

根据交通需求预测，羊山公园车站核心区需设置容纳2条线路的公交始发终到站1处和2对（4个）公交港湾式停靠站（中途站）、200个小汽车停车位（形式自定）、1个出租车停靠站（在地块内部设置）和6个出租车停车位，不少于200个自行车存车位和公共自行车租车点至少1处。

本实践的规划设计主要成果内容如下：

（1）对规划设计任务的解读。

（2）轨道交通车站核心区区位分析。

（3）轨道交通车站核心区周边道路分析与换乘设施出入口的选择。

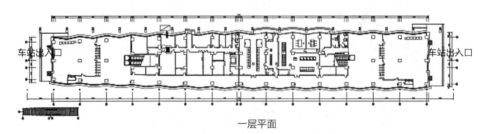

一层平面

图30 轨道交通2号线羊山公园站平面图

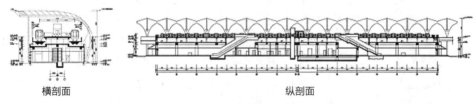

横剖面 纵剖面

图31 轨道交通2号线羊山公园站剖面图

（4）轨道交通车站核心区交通换乘设施布局规划设计。

（5）各交通方式进出轨道交通车站核心区的交通流线组织分析。

（6）轨道交通车站核心区多模式交通换乘流线组织分析（分层绘制），同时文字说明各种交通方式换乘的最长距离、最短距离、平均距离与换乘时耗。

（7）轨道交通车站核心区概念性城市设计方案。

作业完成时间为2周，成果制作采用手绘或机绘均可，图纸大小为A1，图文并茂，版式可自由设计。成果要求以*.jpg文件和A1图纸手绘或打印稿各1份提交。

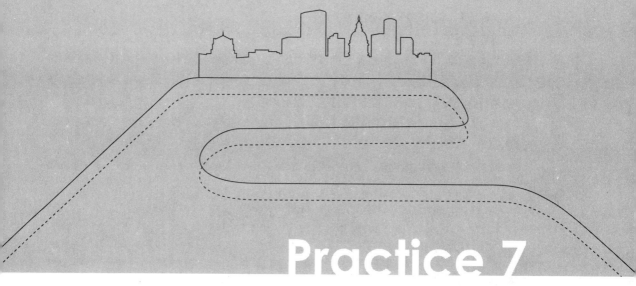

Practice 7

实践7：

城际快速铁路车站
核心区规划与设计

1 实践背景与目的

城际快速铁路（城际高速铁路）的建设极大地缩短了城市间的时空距离，加快了城市间的交流强度和产业循环速度，促进城市经济和社会效益的增长。城际快速铁路车站是城市交通与对外交通的转接点，畅达的集疏运交通和无缝换乘的枢纽内部流线设计，将极大地提高转接的效率，最大限度地降低城际出行的"途外时耗"。城际快速铁路车站核心区又是城市的门户地区，利用城际快速铁路带来的高可达性，合理安排该片区的功能，有助于在车站附近形成重要的开发行为，刺激信息交流和该地区的零售、商务和地产等活动，还会使该地区的地价总体提升20%左右。此外，在车站核心区重新审视环境与发展、生态与效率间的关系，通过景观塑造来提升外部环境和城市形象也是必不可少的任务。

本实践旨在通过分析新建或改（扩）建城际快速铁路车站的区位和周边交通衔接条件，结合城际快速铁路车站所在城市的相关上位规划对该片区的功能定位，从站区交通接驳与换乘设施规划、车站核心区交通组织与功能布局、门户地区的景观塑造3个层面，对城际快速铁路车站核心区进行合理规划与设计。具体而言包括以下内容：

（1）通过对站区交通和地区交通的高效组织，打造"集疏畅达、换乘人性化"的车站核心区交通流线。

（2）通过对车站核心区功能的理性判断，依托TOD发展模式，形成"功能协调、开发集约化"的车站核心区空间形态。

（3）通过对车站核心区景观空间序列的分析、建筑风貌与天际线的处理，达到"景观塑形、建筑传韵"的规划目标，塑造融传统与现代、共性与个性、经济与文化为一体的空间场所，提升门户地区的环境与形象。

2 实践基本知识概要

2.1 城际快速铁路车站站房与交通广场的布局形式

根据站房与铁路站场之间的高程关系，站房可以分为三类：线平式（如南京站）、线上式（如上海虹桥站、武汉站）和线下式（如苏州北站、昆山南站）。

根据枢纽交通广场与城际快速铁路线路之间的关系，交通广场的布局主要有单侧广场和双侧广场两种形式，后者在我国多数新建的大型城际快速铁路车站中较为常见，特别是对于采用高架形式的铁路，该方式更有利于两侧市民使用城际快速铁路车站，也便于交通流线组织。

2.2 城际快速铁路集疏运系统

2.2.1 城际快速铁路集疏运系统的概念

城际快速铁路集疏运系统是客流从出行起点集运至铁路车站或客流从铁路车站疏运至出行终点的交通体系，由各类城市客运交通设施、运输工具和运营管理机构组成。城际快速铁路集疏运系统由集疏运结点和集疏运网络两大部分组成。在现代城市交通系统中，城际快速铁路集疏运系统中的结点——铁路车站综合交通枢纽，通常是连接多种城市客运运输方式的纽带和平台，是进行一体化城市客运运输组织的关键。

2.2.2 城际快速铁路集疏运模式

理论上，集疏运系统可由公共交通、私人交通、准公共交通和慢行交通4类方式来承担。常见的城际快速铁路的集疏运模式的构成主要有：私人小汽车/出租车模式、私人小汽车与大运量快速公共交通并重的复合模式、大运量快速公共交通主导模式。

就我国而言，在城际快速铁路车站建设初期，考虑到当时政策和财力限制，大多数城市无法建设轨道交通，而常规公交行车速度慢与舒适度低，无法满足现阶段以中高收入阶层为主体的旅客需求，一些城市采用了私人小汽车/出租车的集疏运模式，但随着经济的快速发展和区域一体化格局的逐渐形成，城际快速铁路的受众面越来越广泛，公共交通作为大众化交通方式，应得到大力发展。一旦大运量快速公共交通、常规公交与城际快速铁路协同发展成为覆盖能力强、服务水平高的多模式、多层次的区域性公共交通网络，与个体交通方式比较，在经济性、快捷性和方便性上就会具有较强的比较优势。

因此，未来我国城市应将私人小汽车与大运量快速公共交通并重的复合模式作为城际快速铁路集疏运系统的发展目标，部分经济实力强、客流量巨大的区域中心城市，应逐步形成以大运量快速公共交通模式作为集疏运的主导方式。

2.3 城际快速铁路车站的换乘空间、换乘界面、换乘交通方式与换乘设施

2.3.1 换乘空间和换乘界面的概念

换乘空间是指城际快速铁路站区内为实现两种或两种以上交通方式转换的空间。城际快速铁路站区的空间主要分为不同方式的场站功能区和多方式的衔接换乘空间。由于换乘功能的实现是以步行活动为基础的，因此，换乘空间一般仅为步行可以通行的空间区域，通常有换乘大厅、换乘广场和换乘通道3种形式。同时，由于轨道交通的引入以及机动性交通工具的分层，换乘空间往往分布在多个空间层面，并以空间组合的方式出现。

换乘界面是指换乘空间与各种交通方式"付费区域"的分界面，各交通方式的"付费区域"界定如下：城际快速铁路和长途汽车的"付费区域"指乘客检票进入相应候车区，城市轨道交通的"付费区域"指乘客检票进入轨道交通付费区，常规公交的"付费区域"指公交枢纽场站内，出租车的"付费区域"指出租车候车区，社会车辆的"付费区域"指社会停车场。

2.3.2 城际快速铁路的主要换乘交通方式。

城际快速铁路的主要换乘交通方式包括：长途客运、轨道交通、快速公交、常规公交、出租车、社会车辆、旅游巴士、步行和自行车等。其中，长途客运应是铁路车站为次一级地区提供运输服务的重要举措；轨道交通与快速公交是集疏运公共交通的主导；常规公交是实现城市交通与城际交通对接的重要方式之一；出租车是初次到访者大多会选择的交通方式，是城市形象的重要体现；社会车辆的交通疏解作用相对较小，但停车面积较大，不应作为鼓励的集疏运交通方式，但仍需为之设置独立停车场。

2.3.3 换乘设施布局的一般原则

（1）平均步行距离最短原则："车为人转，车行人不走"。对于同一平面的人流，应考虑如

何在各种设施之间连接顺畅；在建设立体人行系统时，应考虑交通功能区的适当位置及设施配套（如楼梯、自动扶梯、电梯等），尽量减少行人对上下移动的反感。

（2）公交优先原则：将常规公交等大运量公共交通尽可能布置在距离城际快速铁路车站出入口附近，使不同公共交通方式形成连贯的公交车衔接系统，达到最短、最快、最佳换乘。轨道交通车站应与常规公交车站一体化设计，公交车交通停乘区应按待停车区与乘车区分离设计。

（3）整体协调原则：视条件进行车站换乘设施和疏解道路的一体化设计，并同时进行土地利用与枢纽交通设计，紧凑整合空间资源。

（4）弹性原则：对未来需要建设的重要交通设施在建设初期就应进行土地预留，并针对不同等级规模、不同区位的城际快速铁路车站实行不同的换乘设施布局。

2.3.4 换乘设施规模的确定

（1）长途客运站：通常根据该站客运规模及营运特征提出各功能设施的要求，并计算相应的建设规模。决定长途客运站建设规模的关键因素包括"有效发车位和停车位的确定"与"最大聚集人数"。在此基础上，还需要确定站务用房设施的面积，包括与最高聚集人数相关的面积和生产调度及行政用房的面积。

（2）公共交通设施：通常按两个部分分别测算，即乘客服务，上落客功能，包括上客站台的面积、落客站台的面积、客流集散面积；车辆运营组织，承担公交行车组织功能和临时停车功能，功能规模包括车道面积和临时停车泊位面积。

（3）出租车设施：主要考虑所需出租车停车泊位的面积以及车流、人流线路组织所需要的面积，通常不必设置单独的停车场，可结合其他交通设施的停靠。

（4）社会车辆停车场：主要考虑乘客上下车所需面积和车辆停放所需面积两部分。一般采用灵活布设的模式，如可结合站前广场建设地下停车场或在站房两侧建设停车楼等。

（5）自行车停车场：考虑到换乘城际快速铁路的自行车来自各个方向，因此自行车（含公共自行车）停车场地设计可考虑分散停放，规模可根据各方向自行车流量比例，按每车停车位 $1.5 \sim 2m^2$ 来确定。

2.4 城际快速铁路车站地区机动车交通流的组织

2.4.1 过境交通流组织

当城际快速铁路车站选址于城市中心区时，需在中心区外围构建快速路系统，车站可通过主干路与快速路连接，分流穿越中心区的过境交通。同时，应充分利用周边支路密集的特点，缓解干路单独承担客流集散带来的交通压力。当城际快速铁路车站选址于建成区外围，交通组织的重点则在于构建快速路系统连接高铁车站和城市中心地区。

2.4.2 进出交通流组织

进出城际快速铁路车站枢纽的交通流组织存在两种模式："单一集散环"的组织模式和"各自往返"的组织模式。前者流线简单，内部道路系统利用率高，但各种交通方式交通流相互交织易引起拥堵；后者有利于分离各种交通方式的流线，提高交通组织效率，缓解站房单侧道路系统的交通压力。

2.4.3 内部交通组织

内部交通组织原则在于保证各种交通流的连续、分流和有序，强调枢纽内乘客和各种交通工具的有序流动，尽量做到人、车分离，减少车辆流线和乘客流线的冲突，减少车流对人流的冲击。可考虑使不同特征的交通流功能区相对独立，通过组织单行线的方式分离进入交通流和驶离交通流，使流线单纯化和通畅化。

2.5 城际快速铁路车站地区的土地利用

2.5.1 城际快速铁路车站地区的发展趋势

现代城际快速铁路车站已不再仅仅承担对外交通与城市交通的衔接功能，而是向着功能综合化、土地利用集约化、多模式交通换乘时空距离最小化和联合开发的趋势发展。车站地区已逐步成为周边地区经济增长的中心，并逐步发展为城市的副中心甚至新的城市中心。城际快速铁路车站地区突破原有单一的运输功能，与周边地区经济发展相结合，形成了一个集铁路客运、金融贸易、商务商业、宾馆酒店、会议展览、旅游娱乐以及生活居住、文化娱乐等功能于一体的综合性城市化地区。

2.5.2 城际快速铁路车站地区适宜布局的用地类型

一般来说，在城际快速铁路客运车站地区适合布置的产业用地类型主要包括商务办公、商业服务业、会议展览业、娱乐休闲和居住用地。国外相关研究认为，高铁车站周边土地开发通常呈距离车站越近开发密度越高的"圈层模式"（图1）：①核心区，步行5~10min范围，该圈层是包括交通核在内的服务区域，通常为高密度开发的高等级商务办公区；②影响区，步行15min范围内，为第一圈层各种功能的拓展和补充，为中高密度开发的商务配套设施；③外围区，步行30min范围内，为城市各种相应职能区，与车站已无直接关联。

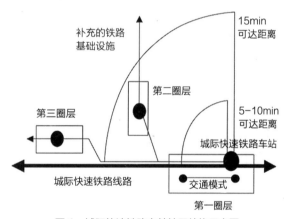

图1 城际快速铁路车站地区结构示意图

3 实践步骤、内容与成果要求

3.1 实践步骤与内容（表1）

3.2 实践成果的基本要求

（1） 城际快速铁路车站在城市中的区位分析及该城市在区域中的区位分析。

表 1 实践步骤与内容

实践步骤	细化内容	本步骤目标
（1）城际快速铁路车站的区位分析	分析车站所在城市区域（城市群、都市圈等）中的位置 分析车站在城市中的位置（城市中心区/城市边缘/城市外围地区）	①明确该车站在区域中的能级，初步判断车站未来的客流规模； ②判断车站核心区的开发类型（在现有基础上的更新开发或在未开发土地上的全新开发），初步思考实施 TOD 开发的途径
（2）上位规划及相关研究的解读	分析已获批的法定规划或相关研究成果对城市快速铁路车站核心区的功能定位与开发要求	确定城际快速铁路车站核心区的主要职能和主导功能
（3）对车站线路、站房特征与站场空间的分析	分析铁路线路经过车站的方式（高架/地面/地下） 分析乘客进出车站的流线（上进下出/下进下出） 分析车站人流集散广场的位置（单侧广场/双侧广场）	①明确对外交通用地与城市其他性质用地的位置关系； ②确定换乘界面的位置，作为组织多模式交通换乘衔接的基础
（4）车站核心区的综合现状分析	分析核心区的土地利用现状 分析车站核心区及周边的道路交通现状 分析车站核心区的自然环境现状（如水系、山体等）	①明确可供开发的土地规模和开发潜力； ②了解现有道路对未来车站集疏运交通及新开发项目吸发交通的支撑能力，作为加密路网与调整道路横断面的依据； ③充分挖掘自然环境与景观界面对塑造车站门户效应并彰显文化特色的潜力
（5）交通枢纽的客流需求预测及换乘设施规模的确定	根据铁路部门提供的统计数据预测预测目标年铁路客运量 预测各集疏运交通方式的出行分担率 确定各换乘设施的规模及配置要求	明确各类换乘设施的用地规模，为空间落位提供定量依据
（6）各换乘设施的空间布局与各交通方式进出场站的流线组织	结合铁路线路、站房的特点和周边的道路条件，根据换乘优先顺序，确定各换乘设施的空间位置 组织各交通方式进出场站的交通流线	①确保换乘设施布局的"立体化"、"高效化"、"公交优先"理念的落实； ②合理、分区组织多模式集疏运交通流线，最大限度地减少流线的相互交叉与冲突
（7）枢纽内部多模式交通换乘流线的设计	设计并分析不同交通方式与城际快速铁路的换乘流线（包括进站流线与出站流线），计算其换乘距离	确保多模式交通之间换乘的便捷性与安全性，并减少流线交叉，提升换乘效率，确保换乘距离 90% 在步行 200m 范围内
（8）基于 TOD 理念的枢纽核心区概念性城市设计方案的构思与演绎	根据上位规划对核心区的发展定位和 TOD 开发理念，初步构思城市设计方案，确定枢纽核心区空间结构 分步骤进行城市设计方案的演绎，形成概念性城市设计方案 使功能与各地块的规模、交通可达性、环境景观等要素相匹配，结合枢纽核心区人流活动特征，形成概念性核心区	①实现交通与城市空间一体化的开发理念，体现土地价值与交通可达性的耦合关系； ②塑造功能合理、交通集疏畅达、景观门户效应凸显、开发强度适宜、彰显文化内涵的枢纽核心区

（2） 城际快速铁路车站站房、站场空间及铁路进出站流线特征分析。

（3） 城际快速铁路车站核心区现状分析（含现状用地分析、道路系统分析及自然环境分析等）。

（4） 城际快速铁路车站的客流需求预测及各换乘设施规模的确定。

（5） 各换乘设施的空间布局与各交通方式进出站流线的组织。

（6） 城际快速铁路车站枢纽内部多模式交通换乘流线设计。

（7） 基于TOD理念的车站核心区城市设计方案的构思与演绎。

（8） 城际快速铁路车站核心区概念性城市设计方案。

4 实践案例：江苏省昆山市沪宁城际铁路昆山南站交通衔接规划与核心区（北片）概念性设计

4.1 区位分析

4.1.1 昆山市在长江三角洲城市群中的位置

长江三角洲城市群（以下简称"长三角"）位于中国东部"黄金海岸"和长江"黄金水道"交汇处，对内、对外联系便捷，是中国最具潜力的经济板块之一，是亚太地区的重要国际门户和中国融入世界经济的重要枢纽。昆山地处长三角东部，东距上海市区45km，西邻苏州市区22km，犹如镶嵌在沪苏之间的一颗璀璨明珠（图2），现已成为国际资本投入的高密度地区、外商投资产出的高回报地区和经济发展的高增长地区，是中国大陆经济实力最强的县级市之一。

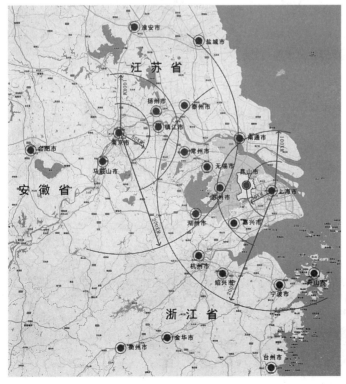

图2　昆山市在长三角的位置

4.1.2 昆山南站核心区在昆山市的位置

昆山南站核心区是《昆山市中心城区核心区控制性详细规划（2011年版）》确定的"一轴、一带、四板块、十片区"中的四板块之一（图3），与京沪普速铁路昆山站相距约1.7km，该地区是承接中心城区人口和产业转接的重点地区，控规对该片区的定位为交通枢纽和商务、商贸、商业混合功能。

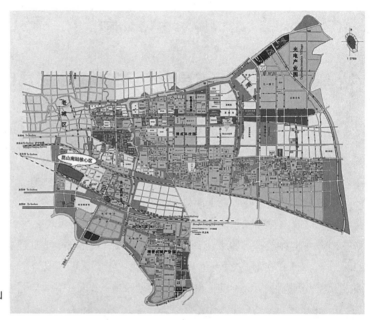

图3 昆山南站核心区在昆山中心城区的位置

4.2 昆山南站的站房与站场空间特征分析

昆山南站为京沪高速铁路和沪宁城际铁路共用车站，该车站设置到发线8条，正线4条，站台4座，两条铁路线均以高架方式通过昆山南站，站房为线下式（图4）。旅客进出昆山南站均在铁路线路下方完成，即采用"下进下出"式流线。

昆山南站采用南、北两侧广场作为铁路客流的集散场地，北广场及北侧车站核心区临近昆山市中心，作为先期建设的重点地区，也是本次规划设计的范围。

图4 昆山南站站房与高架铁路线

4.3 昆山南站核心区（北片）现状分析

昆山南站核心区（北片）北至中华园路、南至沪宁城际铁路、西临小澽河、东临柏庐南路，总用地为87.05hm²（含水域）。现状除昆山南站站房及站前广场、小澽河路东侧在建的居住小区、原有的天主教堂旧址（保留）、天主教堂新址和柏庐公园外，其余地块均未有建设，处于闲置状态（图5），该片区土地利用效率较低，公共配套设施匮乏。

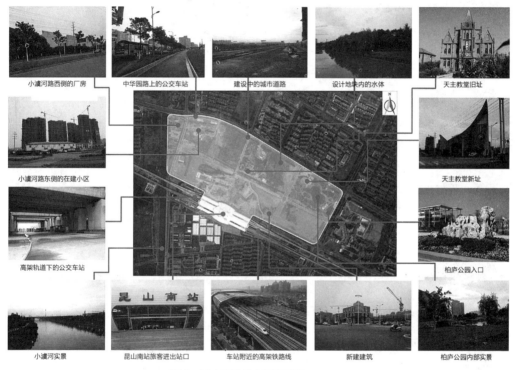

图5 昆山南站核心区索引图

该片区与外部交通连接较方便，北侧中华园路是城市东西向主干路，可通过核心区以东的长江南路连接沪宁高速公路，东侧柏庐南路可直接向南连接312国道和向北连接城市中心区。片区内部路网基本成型，部分道路正处于建设之中（图6）；现状水环境较好，内部有数个面状湖泊和线状水系，与西侧的小澽河连通，水资源环境是江南水乡地区特有的景观风貌基底。

4.4 昆山南站客流需求预测及各换乘设施规模的确定

4.4.1 昆山南站铁路客流规模预测

根据《沪宁线昆山站改扩建项目客流预测与交通设施规模分析及车站地区交通组织研究》，得到2020年昆山市铁路客运量达到2100～2300万人次。

根据铁路设计部门提供的沪宁城际铁路资料，2020年昆山南站沪宁城际列车共计122对。

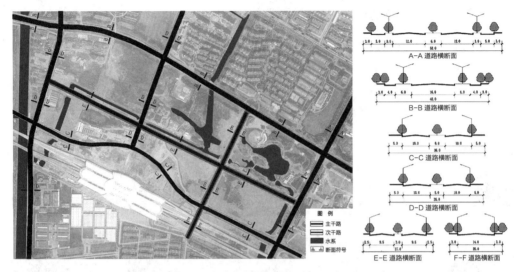

图6 昆山南站核心区道路系统与水系现状（单位：m）

从开行列车的特征来看，预测2020年昆山南站（京沪高铁和沪宁城铁）客运量约占总铁路客流量的70%。预测2020年昆山南站城际场年客运量900～1000万人次，京沪高速场年客运量500～520万人次，总计昆山南站年发送客流将达约1500万人次/年。

4.4.2 昆山南站换乘交通设施规模预测

根据年客运量预测结果，结合既有规划，预测2020年昆山南站高峰小时客流吸引发生量将接近8000人次/h（表2）。

表2 昆山南站客流预测表（2020年）

类别	年客运量（万人次）	高峰小时发生客流（人次/h）	高峰小时吸引客流（人次/h）
高铁	500～520	1400	1300
城际	900～1000	2700	2500
合计	1400～1520	4100	3800

根据《昆山市中心城区核心区控制性详细规划（2011年版）》，2020年昆山南站核心区将有轨道交通和BRT在此交汇，公共交通系统较为发达，外加多条常规公交线路在此经过或设置首末站，预测公交出行比例将达60%左右。预测2020年客流分担比例如表3所示。

表3 昆山南站市内交通客流量预测出行分担率

交通方式	轨道交通&BRT	常规公交	出租车	小汽车	其他方式
出行分担率	25.0%	35.0%	25.0%	10.0%	5.0%

根据昆山南站高峰期客流出行量及客流出行方式分析，预测建议交通配套场站规模不低于4.0万m²，BRT和常规公交、出租车、社会车辆停车场等各类设施配建规模如表4所示。

表4　昆山南站换乘交通设施配置表

设施类别	公交枢纽站	出租车候客区	社会车辆停车场	非机动车停车场
规模需求	8 ~ 10 条始发终到线	60 ~ 70 个泊位	600 ~ 700 个泊位	300 个泊位
场地面积	10000m²	1500m²	21000 ~ 24500m²	600m²

4.5　昆山南站各换乘设施的空间布局与各交通方式进出站流线的组织

昆山南站的交通换乘设施总体布局遵循"立体化"、"高效化"、"公交优先"的三大理念。"立体化"指倡导枢纽设施的立体化布局，利用地上二层、地面层和地下一层、地下二层实现城际快速铁路与城市常规公交、城市轨道交通、BRT等方式的紧凑化、无缝化换乘。"高效化"指通过单向流线的组织，实现各种交通方式在枢纽核心区的"快进快出，集疏畅达"。"公交优先"指在交通换乘设施布局中，将公共交通方式（含轨道交通、BRT和常规公交）布局在距离城际快速铁路车站出入口最近的位置，出租车、社会车辆布置在相对较远处，以鼓励公共交通与城际快速铁路的无缝换乘。

4.5.1　地上二层

地上二层为沪宁城际铁路与京沪高速铁路的站台层以及高架铁路线路，按照昆山南站的铁路客流进出站组织方式（下进下出），地上二层的客流主要为区域性的铁路客流。

4.5.2　地面层

考虑到未来南、北广场两侧市民便于使用昆山南站交通枢纽，利用高架铁路下的地面层空间设置BRT、常规公交枢纽站（含首末站与中途站）、社会车辆和非机动车停车场（图7）。

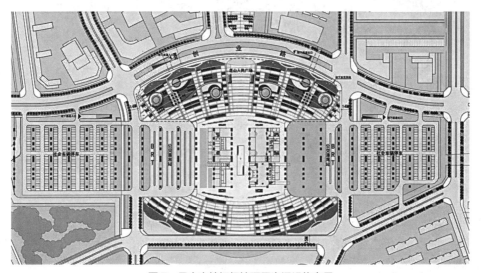

图7　昆山南站枢纽地面层交通设施布局

（1）BRT、常规公交首末站：位于广场西侧，占地面积约13000m²，规划8条公交发车道（含1条BRT车道），可服务10条以上公交线路始发终到需求，通过场站西侧道路单向进出（图8）。公交首末站紧邻车站出入口，进出站客流与公交首末站联系便捷。

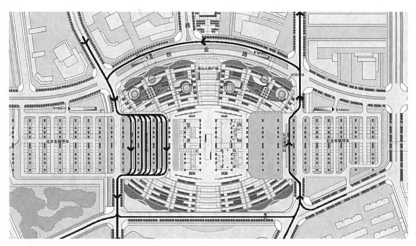

图8　昆山南站枢纽常规公交与BRT交通流线分析

（2）BRT、常规公交中途站：位于广场东侧，规划两条公交港湾式车站（含1条BRT线路停靠站），可服务8条以上公交线路的上落客需求，通过场站东侧道路单向进出（图8）。

（3）社会车辆停车场：在公交场站两侧城市道路的东、西侧，利用铁路线下空间各设置一处社会车辆停车场，规划占地面积4.8万m²（含铁路墩柱空间），设计停车泊位900个左右。社会车辆通过停车场两侧道路单向进出（图9）。

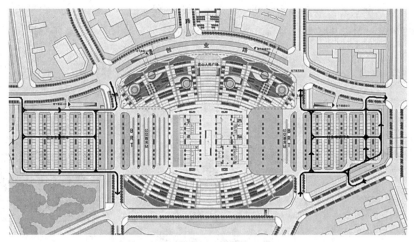

图9　昆山南站枢纽社会车辆流线分析

（4）非机动车停车场：结合社会车辆停车场内部空间设置（东、西侧各设置一处），总规模约800 m²。

4.5.3　地下一层

为方便选择出租车和社会车辆交通方式就近进出车站，利用北广场地下一层空间实现小汽车落客以及出租车的上落客功能，并设置出租车候客区。在创业路上设置连接城市道路与车站地下停车库的专用联系通道，实现车流的快捷进出，有效分流地面客流集散交通压力（图10、图11）。

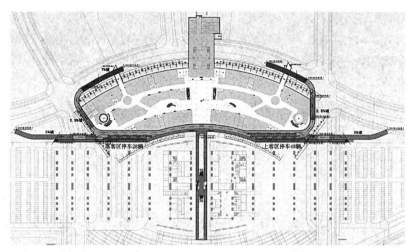

图 10　昆山南站枢纽地下一层出租车及社会车辆上落客设施布局

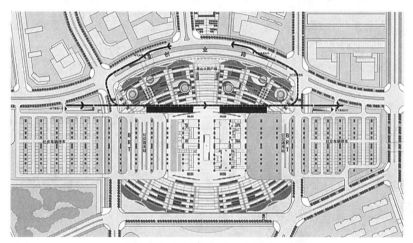

图 11　昆山南站枢纽出租车流线分析

（1）落客区：出租车落客区、社会车辆落客区单独设置（社会车辆落客区与出租车落客区设置斑马线连通）。每个落客空间均设置3条机动车道，保障落客车流不影响穿越车流的通行。

（2）出租车候客区：出租车候客区靠近车站地下出口通道，落客后的出租车可直接进入候客区空间。遇出租车排队高峰时段，对地下空间采取"设施共享、错峰利用"的组织模式，即落客区及西侧通道均可临时组织为出租车候客车道，以有效提高地下交通空间利用率。

4.5.4　地下二层

北广场地下二层为未来轨道交通的站台层，通过地下一层的站厅与出租车上落客区以及未来即将开发的地下商业无缝衔接，实现轨道交通与其他交通方式的"零换乘"以及与商业开发的一体化。

4.6　昆山南站枢纽内部多模式交通换乘流线设计

昆山南站枢纽内部交通换乘系统设计中，应充分考虑换乘流线组织的人性化，确保枢纽内各交通方式之间换乘步行空间和设施的连续性、便捷性与舒适性，以90%旅客换乘距离在200m以内设计目标，同时做好针对弱势群体的无障碍设计、旅客步行空间景观设计。诸多交通方式的换乘流线中，具有强关联性的是各种交通方式与城际铁路的换乘，具体换乘流线分析如表5、图12所示。

表5　昆山南站枢纽内部多模式交通换乘流线及换乘距离分析

换乘交通方式	换乘流线组织	换乘距离 / m	备注
常规公交、BRT 与城际铁路	通过站前广场与公交枢纽场站连接	约 100	公交旅客进出站流线一致
出租车与城际铁路	出站：通过广场进入地下一层通道到达候客区； 进站：通过地下一层通道进入地面广场后进站	50 ~ 80	出站换乘出租车约 50m，进站换乘城际铁路约 80m
社会车辆与城际铁路	地面停车场：通过站房两侧人行过街通道与东、西侧停车场联系； 地下落客区：通过地下一层通道进入地面广场后进站	80 ~ 250	地面停车场距站房约 250m，地下落客区进站约 80m
轨道交通与城际铁路	通过站前广场与地下一层通道连接站厅层	约 100	轨道交通旅客进出站流线一致

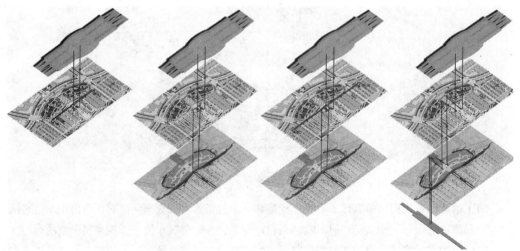

（a）城际铁路与公交/BRT 换乘　（b）城际铁路与出租车换乘　（c）城际铁路与社会车辆换乘　（d）城际铁路与市内轨道交通换乘

图 12　昆山南站枢纽内部多模式交通换乘流线分析
（蓝色为出城际铁路车站流线、红色为进城际铁路车站流线，彩图详见书末附图）

4.7　基于TOD理念的昆山南站核心区（北片）概念性城市设计方案的构思与演绎

沪宁城际铁路与京沪高速铁路在昆山设置昆山南站，使"15min接轨苏州或融入上海"的生活理想成为现实，昆山与苏州、上海的同城效应凸显。昆山南站这个大型交通枢纽资源所带来的高可达性将为昆山南站核心区成为城市门户，打造现代商业、商贸、商务、休闲等要素的

"高地"带来无限机遇。

在高效组织城际快速铁路枢纽的内部换乘及集疏运交通的基础上，功能定位与景观塑造是昆山南站核心区成功开发的必要保障。根据上位规划及TOD开发的理念，本城市设计认为应将现有的工业迁出，保留原天主教堂并与周边环境加以整合，同时导入商务、商贸、商业（零售、餐饮、酒店）、休闲娱乐等功能（图13）。景观塑造方面，应将原有水系加以适当整理，凸显江南地区水网密布的环境特色，形成环状、线状、面状、点状相结合的滨水活力空间和富有趣味的景观视线走廊（图14），并通过水系与功能开发的结合将各类活动串接起来。

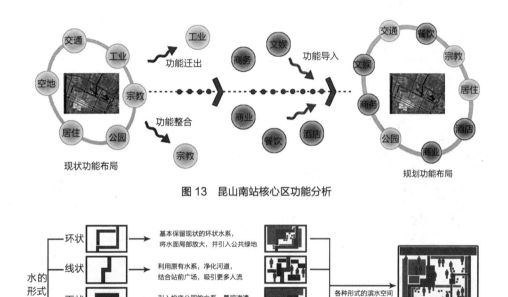

图13　昆山南站核心区功能分析

图14　昆山南站核心区水系整合的构思分析

方案演绎过程如下：

（1）充分利用城际快速铁路车站带来的高可达性，引导枢纽核心区的开发建设，促进核心区商业（零售、餐饮、酒店）、商务、商贸、休闲娱乐、居住等功能的开发。形成贯穿昆山站与昆山南站的南北向城市发展轴以及沿东西向线状水系形成滨水景观轴。

（2）沿城市发展轴形成商务办公和商业的主体开发区，将空间向北延伸；依托滨水景观轴与小澧河、城市发展轴、柏庐公园的交汇点，自西向东打造滨水景观结点、中心景观结点、公园景观结点。

（3）将上述理念与规划路网、整理后的水系相叠合，创造富有水乡气息的空间格局，把车站交通核心、滨水生态休闲结点、商务商业核心区与周边的绿地、水系（蓝绿空间体系）联系成一个整体。

（4）为来访昆山的商务人群、旅游者、居住于昆山南站核心区附近的城市居民等人群提供丰富的公共设施，打造地块内部的次一级活动结点，提供多样化的生活与工作体验（图15）。

将先期分析的功能与各地块所能提供的交通可达性、地块的规模、地块内外的环境景观特色及周边人群的活动流线相匹配，形成概念性城市设计方案（图16）。该片区总用地面积75.69hm²，建筑密度16.2%，容积率约1.43，绿地率33.5%。

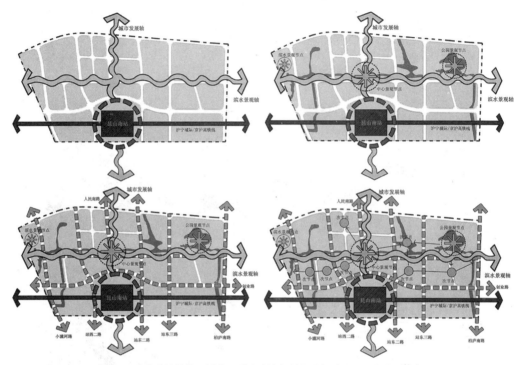

图 15　昆山南站核心区城市设计方案演绎过程分析（彩图见书末附图）

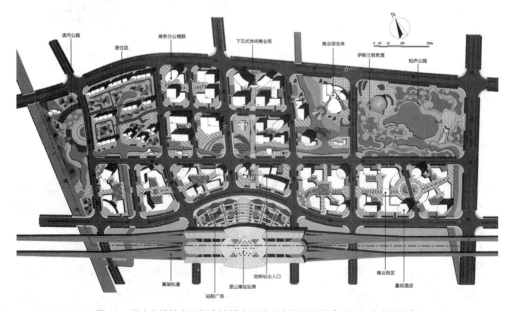

图 16　昆山南站核心区概念性城市设计方案总平面图（彩图见书末附图）

5 实践作业：浙江省金华市金丽温城际快速铁路金华南站核心区规划与设计

5.1 金丽温城际快速铁路与金华南站概况

金（华）温（州）铁路（既有线）是浙西南地区的铁路干线和浙江省铁路环状网络的重要组成部分，但由于该线路沿河谷蜿蜒修建，建设标准很低，先天条件严重不足，运输能力和运输质量已远远不能满足社会与经济发展的要求。金丽温城际快速铁路的修建将大幅拉近金华、丽水、温州三个城市之间的距离，形成1h交通圈，强化浙江省铁路网络，也对未来实施金温通道的客货运输分离起到重要推动作用。

金丽温城际快速铁路总里程188.812km，采用国家I级铁路标准，双线电气化铁路，旅客列车设计速度200km/h，预留250km/h，远期（2030年）客运列车对数为83对，沿途共设置东孝、金华南、武义北、永康南、缙云西、丽水、祯埠、青田、温州南9个车站（图17）。其中，金华南站为原址改建，车站位于金华市金瓯路东侧尽端，地形较平整，无较大起伏变化，站改线路范围均在既有金华南站范围。

图 17 金丽温城际快速铁路线路示意图

改造后的金华南站轨道为8股道，其中金丽温城际快速铁路2条正线（Ⅰ、Ⅱ道），2条旅客到发线（5、7道），其余为新建右线及金温线（Ⅲ、Ⅳ道），调车线2条（9、11道）。站场设置高位站台2处，出站地下通道和进站人行天桥各1处（分别位于DK5+390处和DK5+430处），均为8m宽。改造后的金华南站站房面积约为6000m^2（图18、19）。

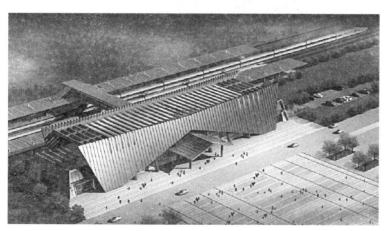

图 18 金丽温城际快速铁路金华南站站房效果图

图 19　金丽温城际快速铁路金华南站站台效果图

5.2　金华南站车站地区概况

　　金华南站地区位于金华市金东区，是浙江省着力打造的"浙中城市群"的核心地带——"金义都市区"的重要组成部分。目前周边以农田为主，区内散乱分布少量农居；周边道路多为区域性通道，车站地区道路网络尚未成型，但未来规划依托金华南站的区域交通、城市交通的高可达性形成金东区的新城市公共副中心之一。

　　《浙中城市群轨道交通线网规划》中提出，构成远期浙中城市群轨道交通线网的1号线与2号线将在金华火车南站实现平行换乘。其中，1号线连接金义都市区的核心区域，主要经由婺城客运站、宾虹西路、金衢路、李渔路、金华火车南站、新城路（金义都市新区）、浙赣快速路、大陈客运站；2号线旨在加强兰溪与金华市区的联系，主要经由丹溪大道、横山路、330国道、人民西路、金华火车西站、人民东路、金瓯路、金华火车南站。此外，近期将实施的金华BRT6号线将行驶于人民西路——人民东路——金瓯路一线，连接火车西站与火车南站。

　　请根据上述背景资料，查阅相关上位规划及研究成果，对金丽温城际快速铁路金华南站核心区进行交通组织规划与概念性城市设计方案编制（城市设计的具体范围可根据需要自行划定），本实践的规划设计主要成果内容如下：

　　（1）城际快速铁路车站在城市中的区位及该城市在区域中的区位分析。

　　（2）城际快速铁路车站站房、站场空间及铁路进出站流线特征分析。

　　（3）城际快速铁路车站核心区现状分析（含现状用地分析、道路系统分析及自然环境分析等）及发展潜力评价。

　　（4）城际快速铁路车站的客流需求预测及各换乘设施规模的确定。

　　（5）各换乘设施的空间布局与各交通方式进出站流线的组织。

　　（6）城际快速铁路车站枢纽内部多模式交通换乘流线设计。

　　（7）基于TOD理念的车站核心区城市设计方案的构思与演绎。

　　（8）城际快速铁路车站核心区概念性城市设计方案。

　　作业完成时间为3周，成果制作采用手绘或机绘均可，图纸大小为A1，图文并茂，版式可自由设计。成果要求以*.jpg文件和A1图纸手绘或打印稿各1份提交。

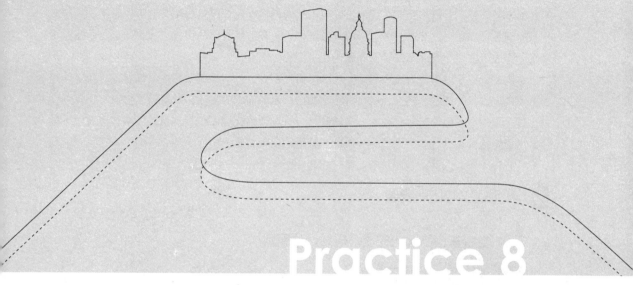

Practice 8

城市自行车道路交通系统
规划与设计

1 实践背景与目的

伴随着城镇化与机动化的快速发展，交通拥堵、空气污染和能源过度消耗等问题在城市中越发明显。在资源约束的背景下，越来越多的城市逐步意识到发展低碳、绿色交通系统的重要性。绿色交通系统能在满足人们交通需求的同时注重节约资源、保护环境和维护社会公平，具有明确的可持续发展导向。自行车交通作为绿色交通系统中的重要构成方式，是中、短距离出行的最佳方式之一，且中国曾经是自行车王国，大多数城市有着自行车出行的良好基础。然而，21世纪前10年由于城市对自行车交通方式不够重视甚至误解，自行车道路交通系统普遍缺乏整体性和连续性，自行车通行空间被严重挤占，仅有少数城市参与制定慢行系统专项规划。自2008年起，公共自行车交通系统的推广应用使人们再度认识到自行车交通不仅是中、短距离出行的理想选择和公共交通服务范围的有效延伸，更是锻炼身体的极佳方式，但自行车路权不清晰、停放不方便、管理不完善等问题仍在一定程度上存在，亟待解决。

本实践以中小城市或大城市的某个片区为研究范围，在实地调研建成区现状或对新区的相关上位规划进行解读的基础上，以自行车交通出行者的需求为导向，从规划、建设、运营、管理、技术支撑等方面综合考虑，全方位地制订自行车道路交通系统规划设计方案，使城市（或片区）更好地满足自行车交通安全、便捷、舒适的出行需求。

2 实践基本知识概要

2.1 自行车道路网的构成、规划设计原则

2.1.1 自行车道路的基本类型

（1）独立的自行车专用路：不允许机动车辆进入，专供自行车通行。这种自行车专用路可消除自行车与其他车辆的冲突，多用于自行车干路和各交通区之间的主要通道。

（2）实物分隔的自行车道：用绿化带或护栏与机动车道分开，不允许机动车辆进入，专供自行车通行，多见于三块板或四块板道路，且多用于自行车干路和各交通区之间的主要联系通道。

（3）用画线分隔的自行车道：布置于机动车道两侧的自行车道，见于一块板和两块板道路，适用于交通量较小的各交通区之间或各交通区内联系通路。

（4）混行的自行车道：机动车与自行车之间无分隔标志，多用于交通量不大的相邻交通区之间的自行车道和居住区街道。

2.1.2 自行车道路网的组织

根据自行车道路在规划范围所处的位置和功能，可分3个等级组织自行车道路网系统，从高到低分别为全市性（跨区域级）自行车道、区级自行车道和区内（子区级）自行车道，每个等级都依附于上一等级而衍生，互相组合形成完整的自行车道路网系统。

3个等级的自行车道路功能作用不同。全市性（跨区域级）自行车干路网的功能是连接区级道路并担负全市性的自行车交通，要求机非隔离程度高、干扰小、快速且通行能力较大。区

级自行车道路则主要承担区块内、外自行车交通的集散，是联系区块内住宅群体与活动中心，如商业网点及工作区、学校等的自行车交通的主要通道。区内（子区级）自行车道路则要求密度大、连通性好，而对机非隔离程度要求较低，主要是连接住宅与住宅小区活动中心的道路。由于道路功能的不同，相应采用的道路类型也有所不同（表1）。

表1　不同等级的自行车道路与其相应采用的自行车道路类型的关系

自行车道路等级	道路类型	有分隔自行车道路			混行自行车道路
		自行车专用路	机非实体分隔	画线分隔	
市级（跨区域级）	大中城市	√	√		
	小城市	√	√	√	
区级	大中城市	√	√		
	小城市	√	√	√	
区内（子区级）	大中城市	√	√	√	√
	小城市	√	√	√	√

自行车道路网系统应具有直达性、连续性与通畅性，应组织一个合理、完整、层次分明的路网，要求有适当的路网密度及道路间距，《城市道路交通规划设计规范》GB 50220—95规定的不同类型自行车道路网密度与道路间距如表2所示，建议分级路网的自行车道路网密度与道路间距如表3所示。

表2　不同类型的自行车道路网密度与道路间距

类型	路网密度/（km/km²）	道路间距/m
独立的自行车专用路	1.5～2	1000～2000
实物分隔的自行车道	3～5	400～600
用画线分隔的自行车道	8～15	150～200

表3　分级路网的自行车道路网密度和道路间距的建议值

道路等级	路网密度/（km/km²）	道路间距/m
市级（跨区域级）路网	2～3	700～1100
区级路网	3～5	400～600
区内（子区级）路网	7～13	200～300

2.2　自行车停车场规划与设计

2.2.1　自行车停车场的规划标准

根据国家颁发的《停车场规划设计规则（1988年试行版）》的规定，自行车公共停车场的规划主要标准如表4所示。在此基础上，各城市又结合自身的实际情况制定了相应的自行车公共停车场规划标准。

表 4　自行车公共停车场规划主要标准

建筑类型	计量单位	规定的车位指标	备　注
饮食店	100m² 营业面积	3.6 车位	
商业场所	100m² 营业面积	7.5 车位	
体育馆	100 座位	20 车位	
影（剧）院	100 座位	15 车位	
展览馆	100m² 建筑面积	1.5 车位	
医院	100m² 建筑面积	1.5 车位	为门诊和住院面积之和
游览场所	100m² 游览面积	0.5 车位	郊区为 0.2 车位
火车站	高峰日 1000 旅客	4 车位	
码头	高峰日 1000 旅客	2 车位	

2.2.2　自行车停车场设计的原则

（1）停车场地应尽可能分散布置，且靠近目的地，充分利用人流稀少的支路、街巷空地设置，支路上可借用绿化带空隙或一部分人行道空间设置停车位。

（2）应避免停放点的出入口直接对接交通干路。

（3）自行车停车场或路内停放点布置应符合停车需求分布强度以及交通枢纽（轨道交通车站、BRT车站、火车站、汽车站等）换乘的要求，选择合适的位置设置自行车停车带。

（4）对应于不同出行目的的自行车停车特征，停车点的服务半径一般为50～100m，最大步行距离不宜超过200m，一般应处于公交站点覆盖的范围内。

（5）规划新建的大型商业中心、大型公共活动场所、大型机构与学校等集散点，需配建自行车停车场。

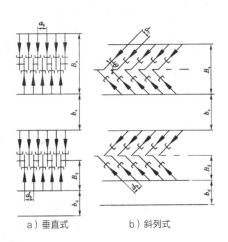

a）垂直式　　　b）斜列式

图 1　自行车停放方式

2.2.3　自行车的停放方式及相关设计参数

自行车停放方式主要有垂直式和斜列式2种（图1），其设计参数主要包括停车带宽、通道宽度、车辆间距等，与停放方式共同决定自行车的单位停车面积（表5）。

表 5　自行车停车场设计参数

停放方式		停车带宽度（m）		停车车辆间距 d_b（m）	通道宽度 m		单位停车面积（m²/ veh）	
		单排停车 B_d	双排停车 B_s		一侧停车 b_d	两侧停车 b_s	双排一侧停车 At_1	双排两侧停车 At_2
斜列式	$\theta=30°$	1.00	1.60	0.50	1.20	2.00	2.00	1.80
	$\theta=45°$	1.40	2.26	0.50	1.20	2.00	1.65	1.51
	$\theta=60°$	1.70	2.77	0.50	1.50	2.60	1.67	1.55
垂直式		2.00	3.20	0.50	1.50	2.60	1.86	1.74

2.3 公共自行车交通系统

2.3.1 相关概念

公共自行车交通系统是指公司或组织在大型居住区、商业中心、交通枢纽、旅游景点等客流集散地设置公共自行车租车站，随时为不同人群提供适于骑行的公共自行车，并根据使用时间的长短征收一定额度费用，以该服务系统和配套的自行车路网为载体，提供公共自行车出行服务的城市交通系统。

2.3.2 推广应用的自然环境条件

公共自行车交通系统适用的自然环境条件主要包括地形条件和气候条件。由于自行车交通受地形影响较大，超过2.5%的坡度，上坡困难、下坡危险，因此对于山地和某些丘陵城市，应对应用范围内的地形做出全面、深入的研究。气候方面，一年中多数时间处于炎热、寒冷、雨雪、冰霜等恶劣条件下的城市不适宜发展公共自行车交通系统。推广应用公共自行车交通系统前，应采用相关指标体系，对应用范围内的自然环境适宜度进行评价。

2.3.3 公共自行车交通系统推广应用的保障机制

针对自然环境条件适宜推广公共自行车交通系统的城市（或城市片区），应从规划与管理、社会意识与宣传、经营与运作、技术支撑4个层面研究保障系统成功运行的机制，包括将公共自行车交通系统纳入城市总体规划和综合交通规划、优化自行车出行环境、改善自行车静态交通、加强社会与部门合作、加大社会宣传力度、选择合理的租赁模式、考虑成本收益的平衡、制定合理的押金和使用价格、科学调配公共自行车、加强网络化运营、费用结算、全球定位、信息共享、高科技防盗及其他相关技术力量等多个方面。

3 实践步骤、内容与成果要求

3.1 实践步骤与内容（表6）

3.2 实践成果的基本要求

（1）城市道路交通概况及自行车道路交通系统现状分析。

（2）城市（或城市中的某个片区）自行车交通系统（含公共自行车交通系统）自然环境适宜度评价。

（3）自行车道路交通系统（含公共自行车交通系统）规划设计范围的确定。

（4）上位规划（城市总体规划、控制性详细规划、综合交通规划等）的解读及对自行车道路交通系统规划设计的影响分析。

（5）自行车道路交通系统（含公共自行车交通系统）规划设计范围内慢行交通小区的划分。

（6）自行车道路系统的等级划分、各等级道路的横断面设计、道路交叉口设计。

（7）自行车静态交通规划（自行车停放点的布局或公共自行车租车站选址及各类租车站规

表 6　实践步骤与内容

规划设计步骤	细化内容	本步骤目标
（1）城市自行车交通的基本情况分析	分析城市道路网（尤其是自行车道路网）的基本情况 调查城市居民交通出行结构和非机动车（自行车）的分担比例，并剖析阻碍自行车交通出行的因素	①掌握城市自行车道路网和自行车交通的基本情况； ②评价城市自行车交通分担率，找出影响自行车交通发展的主要因素
（2）自行车（含公共自行车）道路交通系统规划设计范围的划定	分析城市交通发展政策中有关自行车交通的发展定位 评价该规划或城市某片区发展的自然环境适宜度	寻找在政策和自然环境方面最适合改善自行车交通系统或应用公共自行车交通的广域区域
（3）规划设计范围内的现状与上位规划的解读	分析规划设计范围内的土地利用和道路交通现状 解读上位规划（城市总体规划，控制性详细规划，道路网规划，轨道交通线网规划（公共）自行车交通系统等对慢行交通的机遇与挑战予以评价	①深入了解规划设计范围内的土地利用和道路交通现状； ②解读已获批的规划，评价规划方案对发展（公共）自行车交通系统的支撑能力； ③找出上位规划（公共）自行车交通系统的要求之间存在的矛盾，从而寻求改善策略，为（公共）自行车交通系统与规划协调奠定奠定基础
（4）规划设计范围内的慢行交通小区的划定	选择合理的自行车交通出行半径，确定与之相匹配的慢行交通小区规模 以不跨越自然要素（水体、山体）、高等级道路、行政边界为为原则划定慢行交通小区 以尽可能匹配多种用途的土地为原则划定慢行交通小区 分析各慢行交通小区区域边界性质和客流主要吸引点的类型	合理划定自行车慢行交通小区，鼓励区内自行车出行；发挥自行车在中、短距离出行中的优势，并将长距离出行引导向 B+R 方式
（5）自行车道路网规划设计	将自行车道路网进行分级，确定道路网密度 确定各级道路的宽度，并进行横断面设计 提出各级道路系统的交叉口设计要求	①形成分级合理的自行车道路网系统； ②形成功能匹配的各级自行车道路的横断面； ③制定确保自行车安全通过交叉口的设计要求
（6）自行车静态交通规划设计	结合土地利用的功能划分自行车停车场（公共自行车租车站）的类型 确定规划设计范围内自行车停车场（公共自行车租车站）的选址及布局规划 确定自行车租车站（公共自行车租车站）的停车规模，明确运营与管理的相关要求	以方便自行车骑行者就近停放为原则，分类确定自行车停车场（公共自行车租车站）的位置与规模，使停放自行车与换乘公共交通方式或使用不同功能的建筑之间形成良好的空间衔接
（7）自行车停车场（公共自行车租车站）及自行车专用路上的休憩点(驿站)详细设计	明确自行车停车场（公共自行车租车站）和驿站的功能设计与环境设计要求，详细设计并完成平面图或效果示意图	以土地集约开发，同时不影响周边道路通行能力为原则，深化设计自行车停车场（公共自行车租车站）和驿站，使之满足人们休憩的需要，并与周边环境相协调
（8）对（公共）自行车交通系统运行与管理的建议	从规划与管理、社会意识宣传、经营与运作、技术支撑等角度提出（公共）自行车交通系统的保障机制	从多个视角研究顺利实施（公共）自行车交通系统的保运行、管理的无缝对接，促进规划设计的实施

模的确定）。

（8）自行车停放点或公共自行车租车站的详细环境设计。

（9）公共自行车交通系统运营管理的相关建议。

4 实践案例：湖南省长沙市坪（塘）（含）浦组团公共自行车交通系统规划设计

4.1 长沙市城市道路交通系统概况

4.1.1 长沙市小汽车保有量及市五区道路交通负荷

2012年长沙市机动车保有量持续增长，截至年底，全市机动车保有量136.25万辆，比上年增加21.84万辆，增长率为19.1%，平均每日净增机动车598辆。全市汽车构成中，小型（含微型）客车比例为85.2%，近6年来比例持续增长。2012年长沙市新建干路里程42.44km，新建干路面积3.57km²，小汽车的高速增长相较于道路建设的速度明显偏快，若不对其进行控制，对未来城市交通发展将带来巨大压力。

长沙市城市道路交通负荷的空间分布呈现出中心区高负荷，依次向外递减的特征，市五区（芙蓉区、天心区、岳麓区、雨花区、开福区）中，河东的东二环、南二环两条快速路和营盘路、三一大道、芙蓉路等主干路的道路交通负荷都已超过1万pcu/车道，交通压力巨大。河西的潇湘大道、枫林路每车道负荷也较大。过江交通仍呈现出一定的压力，其中橘子洲大桥高峰小时饱和度达0.94，银盆岭大桥、营盘路隧道、猴子石大桥高峰小时饱和度也高于0.8。

2012年二环内河东城区主要道路晚高峰平均车速为15.7km/h，其中中心分区（湘江、京广铁路、浏阳河围合的区域）主要道路晚高峰平均车速为13.4km/h。东二环由于车流量大，部分路段主辅路干扰严重等原因，部分路段呈现出较拥堵或严重拥堵的运行状况，双向运行车速低于20km/h。城市主干路中，人民路、车站路、营盘路、韶山路、芙蓉路、五一大道和劳动路等路段较为拥堵，平均运行车速约为10km/h；城市次干路中则以湘雅路、八一路、解放路、城南路、曙光路最为拥堵，平均运行车速低于10km/h。相对于河东地区而言，河西城区主要道路运行车速较高，晚高峰平均车速为28km/h，除桐梓坡路、枫林路、麓山南路部分路段晚高峰车速较低外，其他道路相对较为畅通。

4.1.2 长沙市五区城市道路网基本情况及现状问题

至2012年末，长沙市五区现状城市干路里程811.90km。市五区中，除主干路道路网密度超过《城市道路交通规划设计规范》GB 50220—95的相关指标要求外，其余各级道路路网密度都偏低，尤其是次干路和支路路网密度明显不足（表7），市五区以外的地区由于道路系统建设受到"宽马路、大街区"思想的影响，更偏重于主干路路网的形成，次干路、支路路网密度不足的现象更为明显和严重。这不仅是长沙市交通服务水平低的直接原因，更是自行车交通比例不断降低的"罪魁祸首"。最适合自行车交通出行的道路不是快速路、主干路而是次干路和支路，缺乏良好的自行车出行环境，自行车交通方式的生存与发展就会受到直接危害。长沙作为国家级历史文化名城，中心城区不得大拆大建，仅能结合旧区改造和交通微循环系统的建设，尽可能梳理和打通适合自行车交通的城市支路，而城市外围地区则必须改变修建"宽马路"和以机动车通行能力提升为出发点进行交通建设的常规观念，在规划设计阶段就应将自行车交通系统（包括公共自行车交通系统）的高效运行作为城市交通发展的重大目标之一，从道路系统规划、静态交通规划、交通设计和交通管理等多个维度着手，确保建成后的道路交通环境能有效支撑自行车交通的出行。

表7　2012年长沙市五区道路网相关指标

（数据来源：长沙市2012年交通年度报告）

指标名称	快速路	主干路	次干路	支路
道路里程（km）	62.56	434.47	314.87	559.27
道路网密度（km/km^2）	0.22	1.54	1.11	1.98
国标95规定的道路网密度（km/km^2）	0.4 ~ 0.5	0.8 ~ 1.2	1.2 ~ 1.4	3 ~ 4

注：道路网密度计算公式中的分母按市五区建成区面积282.46km^{2}计算。

4.1.3　长沙市自行车交通现状与发展目标

长沙市自行车户均拥有量2001年以来基本呈递减趋势，从2001年的112辆/百户降低到2007年的45辆/百户，出行比例也从1998年的23.2%降到2002年的17.02%，再降到2007年的3.5%，除生活水平提高导致购买私家车意愿上升外，自行车行驶空间受限、自行车停车设施不足等都是阻碍自行车交通发展的重要因素。

2012年6月，湖南省住房和城乡建设厅等4单位联合转发住房和城乡建设部等3部委出台的《关于加强城市步行和自行车交通系统建设的指导意见》，要求所有新建、改扩建的城市主、次干路和新城区道路，必须设置步行道和自行车道，在老城区的道路中将增设步行道和自行车道，且提出了2015年长沙市步行和自行车出行分担率应该达55%以上，其中自行车出行比例应有大幅提高，自行车出行分担率达到20%以上，公共自行车交通系统基本完善。

4.2　长沙市公共自行车交通系统的应用（试点）范围

推广应用公共自行车交通系统的城市，必须首先满足适宜的地形条件和气候条件。龚迪嘉提出了评价城市实施公共自行车交通系统的自然环境综合适宜度评价标准，通过降水量适宜度、气温适宜度和地形适宜度3个定量指标，用0~3进行参数标定（0代表极不适宜、1代表较不适宜、2代表较适宜、3代表非常适宜），以0.3、0.3、0.4的对应权重进行加权求和获得综合适宜度指标，综合适宜度大于或等于1.5的，可考虑实施公共自行车交通系统。

从地形条件来看，长沙市东北、西北两端地势相对高峻，中部递降趋于平缓，略似马鞍形，湘江由南而北斜贯中部，南部丘岗起伏，北部平坦开阔，地势由南向北倾斜。城内为多级阶地组成的坡度较缓的平岗地带。目前建成区内除少部分道路坡度对于自行车交通而言略偏大（超过2.5%）外，大部分地区坡度较缓，适合自行车出行。从气候条件来看，结合长沙市气象局关于降水量、气温的统计资料，可知除7月由于天气炎热、降雨量偏大导致自行车出行较不适宜外，其他月份的评价结果均为较适宜，其中春秋季节的气候条件评价值均超过了"较适宜"，接近"非常适宜"。按照上述评价指标体系获得的长沙市推广应用公共自行车交通系统的综合适宜度指标为2.3，即"较适宜"。

长沙市大河西先导区已成为国家"两型社会（资源节约型、环境友好型）"建设示范地区，公共自行车交通系统是节能、环保、公平、健康的交通出行方式，符合"两型社会"的建设目标，且大河西地区相比于老城区而言，由于建设仍处于初级阶段，受既有物质空间和社会空间的束缚较少，因此，推广应用公共自行车交通系统面临着良好机遇。

因此，以深入贯彻国家建设"两型社会"示范地区的政策为外部机遇，以《关于加强城市步行和自行车交通系统建设的指导意见》为指导，确定近期（2012～2015）应用（试点）范围为大河西先导区起步区——坪（塘）（含）浦组团，中期（2015～2020）则推广至大河西先导区全域范围，远期覆盖长沙市全市域，力争从"两型社会"先导区着手，逐步贯彻绿色交通出行理念，逐步缓解目前私人小汽车出行比例过大而导致的能源过度消耗、社会公平缺失、交通拥堵严重等一系列问题。

4.3 长沙市坪（塘）（含）浦组团概况与相关规划解读

坪（塘）（含）浦组团（后称坪浦组团）位于长沙市大河西先导区的核心起步区，位于岳麓区的南部，东临湘江，南抵大王山，西接长潭西线高速公路，北抵三环线，规划区面积31km^2，其中现状建设用地5.13km^2。坪浦组团内大部分区域为低山丘陵地，海拔最高处为狮子峰，高程195.1m；最低点位于靳江河西岸、陶家岭坝北侧，高程30.3m。其他地段地势较平缓，高程在35～50m。目前坪（塘）（含）浦组团主要通过岳麓片区与长沙市中心城区联系，主要联系通道为长潭西高速公路、坪塘大道、潇湘大道3条道路。其他各级道路（主干路、次干路、支路）尚未建设成型。

该片区已完成控制性详细规划的编制工作（图2），规划人口规模为32万，整体布局以尊重道路现状、尊重自然山水、尊重地形地貌、合理功能分区、巧妙拼接组团、回避制约因素为原则，考虑城市建设与自然山水之间的融合关系，以充分体现生态和谐、环境友好的开发建设模式。用地布局体现组团板块拼接的方式，各组团功能板块具有不同的功能侧重，包括教育科研、商贸文娱等综合服务功能、传统工业区再生改造、生态修复和污染治理的示范区、重点特色旅游休闲服务产业和高新技术产业的城市综合新区。

坪浦组团规划有2条轨道交通线路经过并在组团内设站，分别为长沙市轨道交通3号线和长株潭城际铁路。因此，该片区的公共自行车交通系统规划除了为组团内部提供安全、畅达的中、短距离出行以外，还应当发挥与轨道交通、常规公交接驳的交通功能，为未来城市新区提供环保、便捷的出行方式，通过B+R的无缝换乘，与小汽车交通实现竞争，推动"公交优先"、"环境友好"的战略实施。

4.4 长沙市坪浦组团自行车慢行交通小区的划分

未来坪浦组团的交通发展应发挥自行车在中、短距离出行中的优势，并鼓励自行车与公共交通的接驳（B+R），共同完成长距离出行，因此首先应合理划定适合自行车出行的慢行交通小区，鼓励区域内部选择自行车出行，努力将跨区域交通引导向B+R出行模式。

图2　长沙市坪浦组团控制性详细规划（土地利用规划图）

　　对于新区而言，自行车交通OD数据缺乏，流量分布不确定，使用通常的OD法来划定自行车交通小区并不现实。由于自行车交通方式的合理出行距离在6km内，每个慢行交通小区在理想状态下最大面积不超过28km²，而实际需要考虑因地块分割而导致的自行车绕行，故每个交通小区面积会略小一些。坪浦组团中考虑将舒适的自行车出行路径的直径定为2.5～3km，相应的交通小区面积则在4.9～7km²。

　　在对已有控制性详细规划中有关道路交通规划、土地利用规划、公共设施规划等进行判读的基础上，确定可能成为慢行交通小区边界的元素（如行政边界、区域性过境公路、城市主干路、铁路、河流、山脉等）和主要人流集散点（大型居住区、商业中心、社区中心、文娱中心、大型公共绿地、高校及科研机构等）。

　　按照交通小区规模均匀原则、行政管理原则、自然屏障原则、市区级主干路边界原则、现有大型居住/文娱商片区/高校或科研机构为小区中心原则、轨道交通为边界原则、特殊地段（如风景区）独立成区原则进行划分，经过适当选择和调整，形成若干城市自行车慢行交通小区。由于河流、过境公路及高等级城市道路具有空间和心理上的分隔作用，而轨道交通则可吸引线路两侧市民乘坐，故将坪浦组团以湘江、靳江河、长潭西高速公路、三环线快速路、莲坪大道、含浦大道、坪塘大道、学士路、轨道交通规划线路作为慢行交通小区的边界，划分成6个慢行交通小区（图3、表8）。

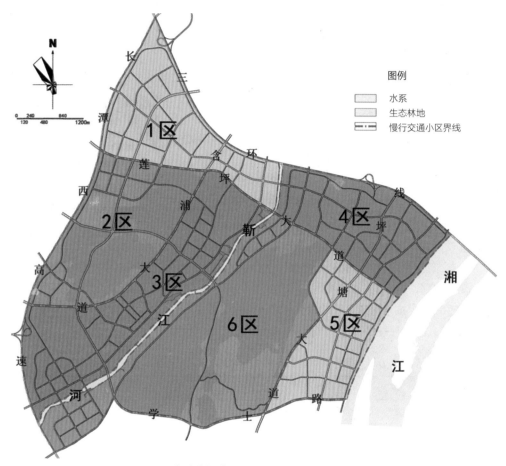

图3　长沙市坪浦组团自行车慢行交通小区划分

表8　长沙市坪浦组团慢行交通小区一览表

区号	小区东界	类型	小区南界	类型	小区西界	类型	小区北界	类型	小区内吸引点
1	靳江河	A5	莲坪大道	A3、A4	长潭西线	A2	三环线	A2	B1、B2、B3、B4、B6
2	含浦大道	A3	含浦大道	A3	长潭西线	A2	莲坪大道	A3、A4	B2
3	靳江河	A5	长潭西线	A2	含浦大道	A3	莲坪大道	A3、A4	B1、B2、B3、B4、B5
4	湘江	A5	莲坪大道	A3、A4	靳江河	A5	三环线	A2	B1、B2、B3、B4、B5、B6
5	湘江	A5	学士路	A3	坪塘大道	A3	莲坪大道	A3、A4	B1、B2、B3、B4、B5、B6
6	坪塘大道	A3	学士路	A3	靳江河	A5	莲坪大道	A3、A4	B1、B4

注：表中符号 A1 ～ A5 分别代表行政边界、快速路、主干路、轨道交通线路、水系，B1 ～ B6 分别代表高校与科研机构、大型居住区、商业中心、大型公共绿地、大型文体设施、轨道交通车站。

4.5 长沙市坪浦组团自行车道路网规划设计

4.5.1 自行车道路系统的等级划分

相关研究表明，影响道路网运行效率的首要因素是道路网密度，为保证城市交通的高效运行，必须将道路网系统从"更宽的路"转向"更密的路"。道路网密度的控制问题实质上等同于道路网间距的控制问题。我国将城市道路系统划分为快速路、主干路、次干路、支路，其实质是要在合理范围内创造尽可能多的通行选择，一些学者提出的"基础路网"的概念则更直接地强调了道路的本质——通行路径的选择。同样，对于自行车道路交通系统之一的道路网，也应采用分级的策略。

借鉴荷兰代夫特市《1987年自行车分级路网规划》中对自行车道路系统的划分（表9），考虑景观开放地区（如风景区、大型公共绿地、大型滨江公园等）可承载相对独立的自

图4　专用色铺砌的自行车道

行车游憩功能，本规划将坪浦组团的自行车道路分为自行车跨区域级道路、自行车区级道路、自行车子区级道路和景观性道路4个等级，结合坪浦组团控制性详细规划中已确定的道路系统和土地利用规划，打通需连接但规划中未连接的自行车专用路，结合长潭西线和三环线防护绿地、湘江和靳江河滨水绿地、区域内公共绿地开辟景观性自行车专用路（绿道），形成功能明确、系统清晰、连贯顺畅的自行车分级道路系统（表10、图5）。

表9　荷兰代夫特市自行车道路分级及功能

等级划分	具体功能
市级自行车道路	连通全市各区
区级自行车道路	连接区内各地
子区级自行车道路	一定小范围内的通达性道路

表10　长沙市坪浦片区自行车道路系统分级具体要求

等级划分	道路间距 /m	自行车道宽度 /m	相关要求
跨区域级	400 ~ 600	4.5 ~ 5.5	保证交通小区之间的连通性，使用专用色铺砌（图4），禁止机动车进入
区级	200 ~ 300	3.5 ~ 4.5	选择满足周边功能服务要求且改建成本较低的道路，使用专用标志标于地面，禁止机动车进入
子区级	100 ~ 150	2.5 ~ 3.5	允许以尽端路形式出现； 对路网密度不足地区（居住区或高校"单位大院"等大地块），应利用绿地或建筑背面设置本级别道路，以方便地块使用者出行和加强地块间的必要联系
景观性	—	4.5 ~ 5.5	结合风景区、大型公共绿地、滨水开放空间等灵活开辟，供自行车过境穿越或骑车休闲、健身、游憩等使用，使用专用色铺砌，禁止机动车进入

图5　长沙市坪浦组团自行车交通道路系统规划

4.5.2　自行车道路横断面设计

坪浦组团位于城市外围的新城地区，目前尚未启动全面建设，故须在控制性详细规划层面确定合理的道路网密度，鼓励TOD开发模式，通过规划建设独立的或与机动车道分隔的、衔接公共交通站点和各居住区、商业中心、文娱中心、高校或科研机构、公共绿地等人流集散点的自行车专用道（路），确保自行车中、短距离出行顺畅和提升B+R交通出行模式的竞争力。可针对不同等级的自行车道（路），结合机动车道、人行道等组成部分，进行道路横断面的规划设计（图6），确保自行车路权及安全、便捷的出行环境。

由于坪浦组团中存在低丘陵地区，而坡度一旦大于2.5%就不适合骑自行车，因此在自行车道路网的规划设计上，应明确坡度在2%以上的道路原则上不作为自行车专用道（路）的备选道路。对于这类道路，可在道路一侧新辟坡度小于2%的道路作为自行车专用道（路），允许其与机动车在不同高程的道路上行驶。

4.5.3　自行车道路系统的交叉口设计

在路段上实现机非分离后，还必须注意到交叉口的机非混行也是造成道路通行能力下降、安全程度降低、交通事故频发的重要原因之一。因此，组织好自行车在道路交叉口范围内的

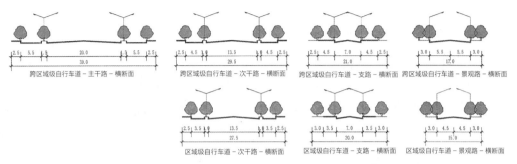

图6　长沙市坪浦组团跨区域级和区级自行车道路横断面设计（单位：m）

图7　自行车道（路）上的空间维护结构

交通流显得尤为重要。当自行车专用道（路）与机动车道相交时，划定自行车过街引导线，采用普通的两相位或三相位信号灯；当有自行车隔离带的机非共行道（路）与自行车专用道（路）相交时，除划定自行车过街引导线外增加自行车专用信号灯，并在各个方向的机动车信号显示红灯后，都给自行车专用道（路）10s左右的绿灯时间，确保自行车优先通行；当两条有自行车隔离带的机非共行道路相交时，对于原本为两相位信号灯的交叉口增加自行车专用信号灯；对于原本为四相位信号灯，则自行车与机动车同时直行或左转。

在跨区域级自行车专用道（路）上的交叉口停车等候区，建议为骑自行车者提供抵御恶劣气候条件的空间维护结构，如设立遮阳棚/雨篷（图7）；区级、子区级和景观性自行车专用道（路）上的交叉口停车等候区是否提供空间维护结构，可视自行车交通流量和城市经济状况而定。

4.6　长沙市坪浦组团公共自行车静态交通规划

停车场布局混乱、停放设施落后、停放随意和偷盗严重等问题，是人们不愿意选择自行车出行的重要原因之一。荷兰推广B+R的经验表明，在城市新建地区中直接步行至公交车站较远的地区，有时仅仅提供充足和具有吸引力的自行车停放设施就能大幅促进自行车出行。因此，精心策划和设计自行车停车设施有其必要性。

处理好自行车静态交通问题是确保公共自行车交通系统正常运转的重要环节。公共自行车租车站的布局应遵循以下原则：

（1）租车站尽可能分散布局，应结合高校或科研机构、轨道交通或常规公交车站、大型居住区社区中心、大型商业区、大型文化娱乐休闲区、对外交通枢纽、公共绿地或风景名胜区出入口等人流聚集点设立公共自行车租车站。

（2）租车站的待租车辆应根据预测需求量的大小进行合理配置，并且随着需求量的变化适当增减待租车辆数。租车站应设立大于平均存车数量的停车位个数，以应对高峰时段公共自行车停放量的增长需求。

（3）租车站应当预留扩容的场地，以满足未来系统规模扩大的需要。

（4）在租车站周边100m范围内，设立醒目的公共自行车租车站的指示标志、标线，使公共自行车使用者能便捷地找到租车站。

（5）公共自行车租车站的布置应减少对机动车干道的干扰，减少公共自行车出入租车站对机动车行驶的干扰，保证自行车存取车方便与安全。

在坪浦组团的公共自行车租车站规划中，结合控制性详细规划的土地利用与道路交通规划方案，将公共自行车租车站分为轨道交通与常规公交枢纽租车站、高校与科研设计机构租车站、文（化）娱（乐）商（业）中心租车站、大型居住区租车站、公共绿地租车站5种类型（图8）。由于坪浦组团为新城开发片区，人口规模和交通流的增长有一个循序渐进的过程，因此初期公共自行车租车站的规模不宜过大，可考虑依次为30辆/个、20辆/个、25辆/个、20辆/个、10辆/个，并预留足量的停车位增设场地，以备日后随着使用需求的增加，对租车站实施扩容。此外，在租车站周围100m内设置醒目而具有湖湘文化特色的公共自行车租车站指示标志，方便使用者快速辨认。

4.7 长沙市坪浦组团公共自行车租车站及自行车驿站详细设计

在新城开发中有条件的地区，为自行车停放点和公共自行车租车站提供完备的配套设施（如休憩座椅、便利店、公共厕所等），能有效促进自行车交通方式在中、短距离出行和B+R换乘出行中的使用。本规划提出在公共绿地和轨道交通或常规公交车站附近，结合自行车停放点和公共自行车租车站，设计一个相对集中的休憩场所（驿站），为来公共绿地游览或换乘公共交通的自行车骑行者提供一个休憩空间。详细设计的参考方案如图9~图11所示。

4.8 长沙市坪浦组团公共自行车交通系统运营与管理的相关建议

4.8.1 公共自行车交通系统的社会宣传

欧洲各国已普遍意识到，在环境污染日趋严重、交通日益拥挤的情况下，发展公共交通的同时提倡骑自行车代步无疑是有效的解决办法，并将其列入环保项目，制定相应政策措施，开展"未来的城市是拥有自行车车道的城市"的运动。我国目前还有相当一部分人仍抱有"自行车是落后的象征"的错误观念，因此媒体应加大正面宣传，通过报刊、网站、电视、杂志、公益广告、公交传媒、手机短信等刊登或宣传公共自行车这种节能环保、引领潮流的新出行方式，并通过举办"无车日"等活动，让市民亲身体验选择自行车出行的乐趣和城市空气环境质量的提升，减少人们对自行车交通方式的误解和自行车道路交通规划的漠视，快速、广泛地助推公共自行车交通系统的成功实施。

4.8.2 公共自行车交通系统使用价格的确定

公共自行车的租用通常采用非接触式IC卡刷卡借还车的方式，使用者需在IC卡内存入一定数量的押金和预存费用才可使用该系统。合理的押金应和生产一辆新自行车的成本相当，一般可定在150~300元。使用价格则可根据该城市乘坐公共交通的最低价格确定，如长沙市目

图 8　长沙市坪浦组团公共自行车租车站分类与布局规划（彩图见书末附图）

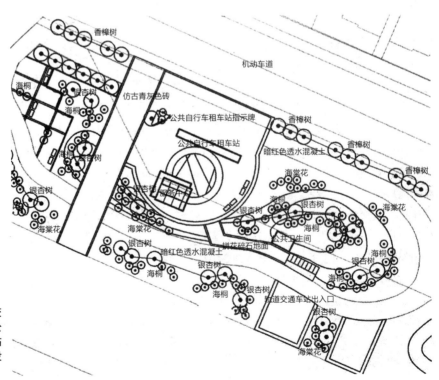

图 9　与轨道交通车站接驳的公共自行车租车站和休憩点详细设计示意图

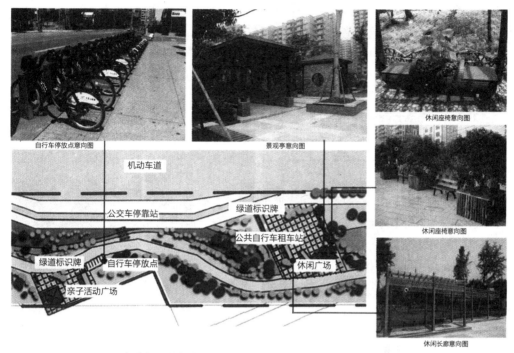

图 10　与常规公交车站接驳的公共自行车租车站和休憩点详细设计示意图

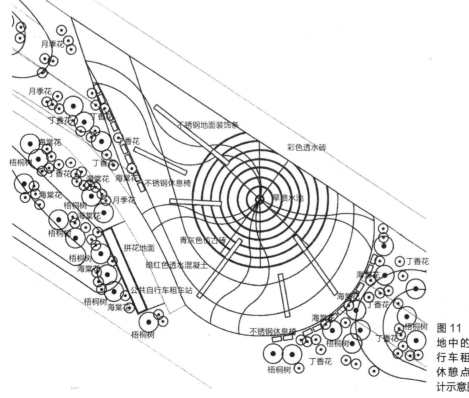

图 11　公共绿地中的公共自行车租车站与休憩点详细设计示意图

前常规公交最低票价为1元，考虑到自行车最佳出行时间为30min以内，且公共自行车交通系统"鼓励使用，用完速还"，建议长沙市公共自行车交通系统收费标准为：30min以内免费，30～60min收费0.5元，60min以上，每增加30min收费1元。在试行一段时间后可通过举行听证会，根据实施情况和市民的反馈意见适当上浮或下调使用价格，以引导人们在合理的时间和距离范围内选择公共自行车出行。

4.8.3 公共自行车的科学调配

由于市民早晚高峰出行呈现出一定比例的单向客流，某些租车站（如轨道交通车站）能通过自行车与轨道交通的双向换乘来基本实现租还车辆的数量平衡。而另一些租车站则存在租车量远大于还车量（如早高峰时段的大型居住区）或还车量远大于租车量（如晚高峰时段的大型居住区），若不对这类租车站进行车辆补充或车辆转移，则会出现无车可租或无桩可还的现象。因此，应在公共自行车管理中心和各租车站安装实时监控与信息交互装置，并在特定时段、特定租车站采用专运公共自行车的小货车实现自行车数量的科学调配。

除了日内调配外，公共自行车的年内调配也十分必要。长沙市夏季炎热，7月市民使用公共自行车的舒适度下降，公共自行车需求量也随之下降。此时可减少公共自行车供给量，利用该"间隙"对不参与服务的公共自行车进行轮流年检、大型维修和保养，以确保再次上线服务时的质量和安全性。

4.8.4 公共自行车交通系统运营、管理的智能化信息服务

市民能实时共享公共自行车交通系统的相关信息对于系统运营效率的提升十分关键。手机运营商可与公共自行车交通系统运营商联合开发智能化的信息查询系统，当用户需要使用公共自行车时，只需发送信息"用户所在地（如莲坪大道靠近靳江河）"到某信息平台，将实时收到系统回复，告知400m步行范围内的租车站有哪些，每个租车站现有多少辆公共自行车待租，使用户的出行更加高效和便捷。

5 实践作业：城市（或片区）自行车道路交通系统规划设计

请选取某个自然环境（地形、气候）适宜于发展自行车交通的城市（或城市中的某一片区），对该城市（或片区）的自行车道路交通系统（包括现状自行车道路网、自行车静态交通设施、自行车交通出行分担率、自行车交通发展的有利与阻碍因素等）进行调查研究，分析该城市（或片区）自行车道路交通系统的现存问题。

结合已获审批的相关上位规划（如城市总体规划、控制性详细规划、综合交通规划等），制订该城市（或片区）的自行车道路系统规划设计方案、自行车静态交通（自行车停放点或公共自行车租车站）布局规划与详细设计方案，并针对公共自行车交通系统的推广应用，提出相应的运营与管理建议等。

本实践的规划设计主要成果内容如下：

（1）该城市（或片区）自行车道路交通系统的概况与现存问题分析。

（2）上位规划的解读及对自行车道路交通系统规划设计的影响分析。

（3）自行车道路交通系统规划设计范围的确定。

（4）自行车慢行交通小区的划分（划分原则及分区方案）。

（5）自行车道路交通系统中道路网密度的确定与道路等级的划分。

（6）不同等级自行车道路的横断面设计及交叉口设计。

（7）自行车静态交通规划（自行车停放点布局与公共自行车租车站选址）。

（8）典型自行车停放点或公共自行车租车站的详细设计方案。

（9）公共自行车交通系统运营与管理的相关建议。

作业完成时间为2周，成果以《××市××片区自行车道路交通系统规划设计》图文结合的形式提交，设计说明文字和图纸大小均为A3，其中图纸采用机绘制作，版式可自由设计。成果要求以*.doc（设计说明）和*.jpg（图纸）电子稿和打印稿各1份提交。

Practice 9

实践9：

建设项目交通影响分析

1 实践背景与目的

城市中每一块土地得以新开发或再开发后，将会产生和吸引新的交通量，需要周边道路予以承担，而这些道路还需承担其他新开发设施吸引的交通量和过境交通量。然而，道路一旦建设完成，在不改变各交通方式路权分配的前提下，通行能力基本固定，能否满足上述所有交通量的需求，决定着未来的道路服务水平。因此，需要预先分析土地开发项目对一定范围内城市道路交通的影响程度是否处于可接受范围内，否则一旦建设完成，导致路网局部或全局供需不平衡而出现交通拥堵，或因停车场配置不满足要求而造成路网疏导困难等问题，届时再着手改造，其成本将是巨大的。

本实践以城市中某个已形成规划设计方案的重要公共建筑（群）或居住建筑（群）为例，从交通与土地利用互动关系的视角，充分论证该开发项目对一定范围内的交通运行所造成的影响，并根据交通影响的程度判断其选址、类型、规模、开发强度等方面的合理性，为项目审批提供依据。在此基础上，从交通流线、交通工程设计、公共交通系统、土地利用等方面提出内部、外部交通设施及交通组织方面的措施，以降低该项目对周边的交通影响。

2 实践基本知识概要

2.1 交通影响分析的相关概念

2.1.1 交通影响分析的定义

交通影响分析或称交通影响评价（traffic impact analysis, TIA），是为了从微观上协调局部土地利用与交通供应的相互关系，是指在开发项目的立项或审批阶段，分析该项目建成后对城市交通的影响程度和影响范围，进而确定保持一定服务水平的对策或修改方案，实施补偿对策。

2.1.2 交通影响分析的阈值

交通影响分析阈值规定了在何种情况下开发项目需要进行交通影响分析。国内不同城市对需进行交通影响分析的项目范围（即阈值）的界定不同，在针对具体项目判断是否需进行交通影响分析时应根据阈值具体问题具体分析。

2.1.3 交通影响分析的研究范围与影响范围

研究范围是指需要进行交通影响分析和交通改善规划的范围，以基地为中心至周边一定区域。影响范围包括开发设施所吸引的交通中的大部分，一般80%左右或更多的出行端点应在影响范围内。影响范围大大超过研究范围。确定影响范围的目的是，分析新增交通在各个方向所占的比例，以便于将新增交通分配在研究范围内的道路上。

2.2 交通需求预测

2.2.1 背景交通量与新增交通量

背景交通量是指开发设施建成投入运营时，研究范围内开发设施以外其他所有新开发设施吸引的交通量及过境交通量的总和。背景交通量为城市交通的固有交通量，不是因开发设施而产生。背景交通量的确定常用交通规划法、弹性系数法、叠加法。交通规划法适用于已编制了综合交通规划的城市，可直接应用相关数据和指标进行预测。弹性系数法是根据国民经济的未来增长状况，预测交通增长率，进而预测未来交通。叠加法将研究范围内所有已经批准和纳入规划的新开发设施或改建设施的交通产生量进行叠加，适用于预测平稳发展的区域。

新增交通量是指因基地开发而发生和吸引的交通量。新增交通量一般由基地不同类别建筑的预测吸发率乘以各自的建筑或用地面积得到，不同类型基地的发生吸引率如表1所示。

表1　不同类型基地发生吸引率表

大类名称	中类名称	说明	高峰小时出行率参考值	出行率单位
住宅	宿舍	集体宿舍、集体公寓等	4 ~ 10	人次/100m² 建筑面积
	保障性住宅	廉租房、经济适用房等	0.8 ~ 2.5	人次/户
	普通住宅	普通商品房、居民楼等	0.8 ~ 2.5	
	高级公寓		0.5 ~ 2.0	
	别墅		0.5 ~ 2.5	
商业	专营店	专营店、小型连锁店等	5 ~ 20	人次/百 m² 建筑面积
	综合性商业	综合型超市、百货商场、购物中心等	5 ~ 25	
	市场	批发或零售市场、农（集）贸市场、菜市场等	3 ~ 25	
服务	娱乐	娱乐中心、俱乐部、休闲会所、活动中心、迪厅、网吧等	2.5 ~ 6.5	人次/百 m² 建筑面积
	餐饮	餐馆、饭店、饮食店等	5 ~ 15	
	旅馆	招待所、旅馆、酒店、宾馆、度假中心等	3 ~ 6	人次/百 m² 建筑面积（高峰小时）
	服务网点	邮局、电信、银行、证券、保险等对外服务的分理处或营业网点	5 ~ 15	
办公	行政办公	党政机关、社会团体的办公楼	1.0 ~ 2.5	人次/百 m² 建筑面积（高峰小时）
	科研与企事业办公	—	1.5 ~ 3.5	
	商业写字楼	—	2.0 ~ 5.5	
场馆与园林	影（剧）院	电影院、剧场、音乐厅等	0.8 ~ 1.8	人次/座位
	文化场馆	图书馆、博物馆、美术馆、科技馆、纪念馆等	1.5 ~ 3.5	人次/百 m² 建筑面积
	会展场馆	展览馆、会展中心		
	体育场馆	各类体育场馆、健身中心等	2 ~ 5	人次/百 m² 用地面积
	园林与广场	城市公园、休憩公园、游乐场、游乐园、旅游景区等	10 ~ 100	
医疗	社区医院	诊所、社区医疗中心、体检中心	1.5 ~ 4.0	人次/百 m² 建筑面积
	综合医院	各级各类综合医院、急救中心等	3 ~ 12	
	专科医院	专科类医院	4 ~ 8	
	疗养院	疗养院、养老院、康复中心等	1 ~ 3	人次/床位
学校	高等院校	—	0.5 ~ 2.0	人次/百 m² 建筑面积
	中专或成教	中专、职高、特殊学校及各类成人学校	2.5 ~ 5.0	
	中学	高中、初中	6 ~ 12	
	幼托、小学	小学、幼儿园、托儿所	12 ~ 25	

续表

大类名称	中类名称	说明	高峰小时出行率参考值	出行率单位
交通	客运场站	对外交通客运和航站楼、城市客运枢纽	依据调查数据或相关专项指标	
	货运场站	货运站、货运码头、物流中心		
	加油站	加油站		
	停车设施	社会停车场库、公共汽（电）车停车场库		
工业	工业	—		

2.2.2 停车需求预测

常用的基地停车需求预测方法是根据基地高峰小时机动车吸引量、停车场利用率等变量因子进行计算

$$P=WT\gamma/(60\alpha)。$$

式中：

P——基地停车泊位需求量；

W——基地高峰小时吸引的机动车数；

T——基地机动车平均停车时间（min）；

γ——基地吸引机动车中非出租车车辆比例；

α——基地泊位利用率，根据基地泊位实际利用情况取值。

2.3 交通影响分析的内容

交通影响分析主要针对以下内容进行。

（1）道路网络：包括路段机动车服务水平（通常用饱和度V/C和服务水平等级表达）和交叉口机动车服务水平（通常用交叉口饱和度和延误表达）。

（2）非机动车交通设施：包括非机动车道通行能力能否满足非机动车交通需求，以及非机动车停车设施的面积是否满足停车需求和出入口是否合理。

（3）行人交通设施：一般采用人均占有道路空间面积、可能步行速度、超越他人和横穿人流的可能性与安全舒适程度等作为评价标准。

（4）公共交通：服务水平主要通过对公共交通线路的供给能力进行评估，通常以剩余载客容量为衡量指标。

（5）停车设施：包括对配建停车设施是否能满足停车需求，以及停车场出入口设置是否合理进行评价，其中停车泊位的配建指标见实践7，应针对各城市参照其相应的地方标准计算。

3 实践步骤、内容与成果要求

3.1 实践步骤与内容（表2）

3.2 实践成果的基本要求

（1）建设项目的区位分析、项目概况及周边开发情况分析。

表2 实践步骤与内容

实践步骤	细化内容	本步骤目标
（1）建设项目（基地）的概况分析，影响范围、研究年限及研究依据的确定	分析建设项目（基地）的区位、主要功能等概况，罗列建设项目的具体技术经济指标	初步、定性地判断该建设项目（基地）可能产生的交通影响，合理划定研究范围及影响范围，为进一步交通影响分析奠定基础
	根据所处区位和项目特点划定研究范围与影响范围	
	确定交通影响分析的研究年限和研究依据	
（2）建设项目（基地）周边地区开发现状与规划的解读	分析建设项目（基地）和周边已有开发项目和规划建设项目的基本情况	对建设项目（基地）周边交通可能产生的影响进行整体认知，作为下一步交通影响分析的基础
（3）建设项目（基地）周边的道路交通现状分析	调查建设项目（基地）周边的道路交通设施现状（道路名称、等级、横断面、公交线路及站点、停车设施等）	对建设项目（基地）周边的交通设施、交通运行现状进行深入、详细的认知，从而找出现状交通的主要问题与未来交通组织改善的潜在问题，初步判断下一步交通组织与改善的突破口
	调查基地周边道路交叉口的形式、交通量与服务水平	
	综合评价现状交通	
（4）交通需求预测	预测建设项目（基地）的吸引发生交通量	根据出行生成率指标等相关数据定目标年交通需求和停车需求，作为交通影响分析的重要数据支撑
	预测建设项目（基地）周边道路的背景交通量与新增交通量	
	预测建设项目（基地）的停车需求	
（5）交通影响评估	评估建设项目（基地）对周边道路的交通影响	①从供给与需求的差异对目标年交通量对周边道路产生的影响进行评价；②从供给与需求的差异对停车设施进行评价；③判断建设项目（基地）交通组织与设计的合理性
	评估建设项目（基地）出入口的设计及交通影响	
	评估建设项目（基地）内部的交通组织方案	
	评估建设项目（基地）停车设施的交通影响	
（6）交通组织与交通设施改善建议	明确交通组织的原则	从多个方面对建设项目（基地）的交通流量、工程设计、公共交通、停车设施等提出改善建议，并对改善方案进行效果评价，以使实施后的项目对周边道路的交通影响控制在可接受范围内
	组织机动车、非机动车、人行的内部交通、出入口交通、静态交通等交通流线	
	提出交通工程设计（基地内部道路设计、基地出入口设计、重要交叉口设计）的改善建议	
	提出公共交通的改善建议	
	模拟与评价交通组织改善方案	
（7）交通影响分析的结论与建议	总结本建设项目交通影响分析的主要结论，并对交通组织方案提出建议	形成结论性的评价意见与改善建议，供相关建设管理部门和建设项目设计单位参考

（2）建设项目交通影响分析研究年限与研究范围的确定。

（3）建设项目周边的道路交通现状分析（含道路交通设施、交叉口交通量与服务水平、公交设施、停车设施等）与现状交通的综合评价。

（4）交通需求预测（含基地吸发交通量预测、基地周边道路背景交通量预测、建设项目新增交通量预测、基地停车需求预测等）。

（5）交通影响评估（含建设项目对周边道路的影响、出入口设计、内部交通组织、停车设施等方面的评估）。

（6）交通组织原则、交通组织方案（改善对策）、交通组织评价。

（7）交通影响分析的结论与建议。

4 实践案例：江苏省南京市 JQ 大厦建设项目交通影响分析

4.1 JQ 大厦区位分析及建设项目的概况

JQ大厦（以下简称"基地"）位于南京市江宁副城西部，机场高速公路西侧，将军大道和佛城西路交叉口的西北侧（图1）。基地主体功能定位为住宅小区，包括3栋板式高层住宅、商业设施和办公建筑。住宅均为小于80m²的小户型；商业设施主要为超市，布置在基地东、南侧，以2层为主；地下1层为停车库，供机动车和非机动车停车使用（图2、表3）。

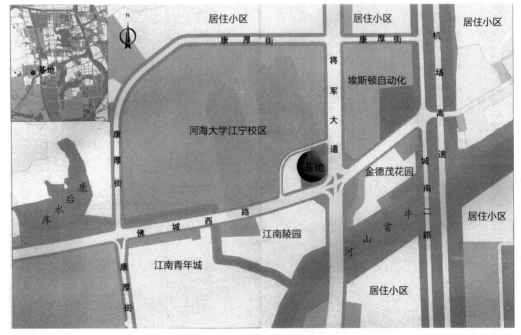

图1 建设项目（基地）区位图

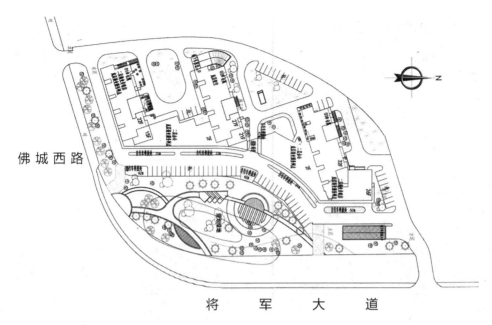

图2　建设项目（基地）总平面图

表3　基地建设项目基本技术经济指标

总用地面积（hm²）			13.956
总建筑面积（m²）	公寓建筑面积	55417.06	73248.75
	商业建筑面积	3263.98	
	办公建筑面积	1894.48	
	其他	12673.23	
建筑密度（%）			25.69
容积率			4.487
停车位（个）	机动车地下车位（机械式）	299	360
	机动车地面车位	61	
	非机动车停车位		2181
总户数户			1098

　　由于该项目开发强度高、交通区位特殊，建设完成后将产生大量的人、车交通流和停车需求，对周边地区的交通将产生较大影响，达到南京市规定的建设项目交通影响分析的阈值，因此必须进行交通影响分析。根据项目本身特征及周边开发情况，确定研究范围为由机场高速、康厚街、诚信大道围合的区域。本实践将对研究范围进行道路网络调整、交通组织规划及详细的交通影响分析，同时对与基地联系紧密的周边地区的交通作整体分析研究。研究年限结合基地建设项目的安排，定为该块土地利用开发全面建成并充分使用的年限（20××年）。

4.2 基地周边地区的开发概况

基地以南佛城西路南侧有众多居住小区，自西向东分别为江南青年城、江南陵园、金德茂花园。基地西北侧为河海大学江宁校区，基地东侧为埃斯顿自动化企业（图3）。埃斯顿自动化企业、河海大学江宁校区均在将军大道上设有出入口，且出入口之间、出入口与交叉口之间距离较小，对将军大道主线交通存在一定的干扰。此外，河海大学江宁校区在康厚街上设置2个出入口，在佛城西路设置1个出入口。江南青年城和江南陵园两个居住区均在佛城西路各设置1个出入口。

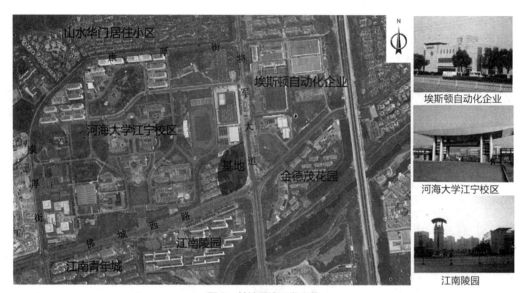

图3 基地周边开发现状

4.3 基地周边的道路交通现状分析

4.3.1 道路交通设施现状

基地周边道路交通设施如图4、表4所示，其中受机场高速公路阻隔的影响，将军大道是江宁区牛首山、祖堂山东侧地区南北联系的唯一通道，也是基地联系东山新市区、东山老城区的主要通道，早高峰将军大道由北向南交通量较大，基地完成开发后，将增加大量的人流与车流，对将军大道产生交通压力。

表4 基地周边道路交通设施现状

道路名称	道路等级	红线宽度/m	横断面形式	公交线路	备注
将军大道	主干路	60	双向4车道，一块板（设中央隔离栏），机非混行	154W、江宁10W、江宁18、105、河奥线、清安线	—
佛城西路	主干路	40	双向4车道，三块板（设中央隔离栏），机非分行	154W、江宁11W	河海大学江宁校区正门附近设过街地下通道
康厚街	支路	9	双向2车道，一块板，机非混行	无	—

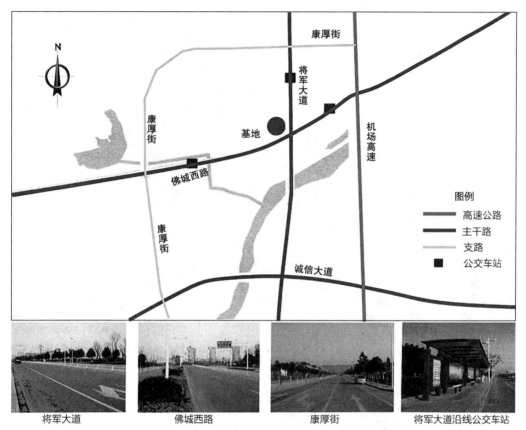

图4　基地周边现状道路分析

4.3.2　交叉口形式与交通量

1. 将军大道—佛城西路交叉口

现状将军大道—佛城西路交叉口信号周期102s，其中南北向直行绿灯45s，黄灯3s，左转绿灯15s，黄灯3s，红灯36s，右转常绿；东西向直行绿灯15s，黄灯3s，左转绿灯15s，黄灯3s，红灯66s，右转常绿。将军大道—佛城西路交叉口采取了渠化交通措施（图5），现状该交叉口由北向南车流量较大，除北侧进口道较为拥挤外，交叉口运行较为畅通（图6、表5）。

2. 佛城西路—康厚街交叉口

现状佛城西路—康厚街为十字交叉口（图7），采用简单信号控制，现状交通流量较低。佛城西路向西连接宁丹公路，货车所占比例较大。

3. 将军大道—康厚街

现状将军大道—康厚街为十字交叉口（图8），采用简单信号控制，早高峰将军大道由北向南车流量较大，北进口道流量与将军大道—佛城西路北进口流量相当，该交叉口总体运行较为畅通。

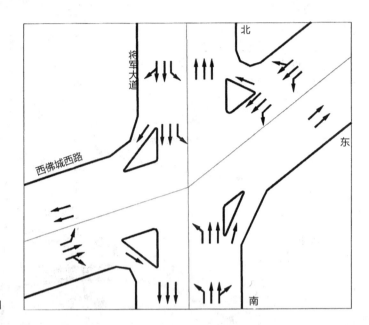

图5　将军大道与佛城西路交叉口

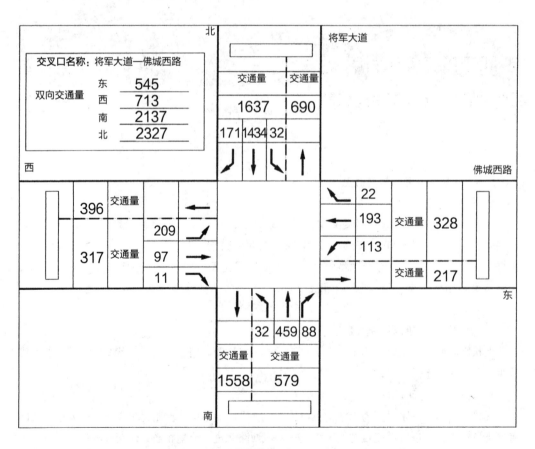

图6　将军大道—佛城西路交叉口早高峰 7:30 ~ 8:30 流量

表5 将军大道—佛城西路交叉口饱和度与服务水平

交叉口名称	进口方向	饱和度	服务水平
将军大道—佛城西路	东进口	0.73	D
	南进口	0.30	B
	西进口	0.80	D
	北进口	0.90	E

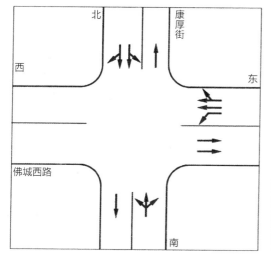

图7 佛城西路与康厚街交叉口

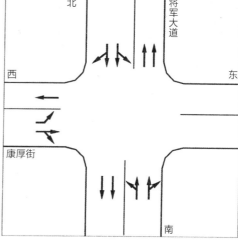

图8 将军大道与康厚街交叉口

4.3.3 现状交通评价

基地周边现状交通量的主要构成为以上班为出行目的的出行。从调查数据来看，将军大道高峰时段机动车双向交通量2100~2400pcu/h，但南北方向流量不均衡，北进口流量高于南进口流量，且直行流量较大，车辆组成中大型客车的比例较高，该道路早晚高峰潮汐交通现象明显；佛城大道高峰时段机动车交通量500~600pcu/h。从现场观测看，各路段整体运行畅通，交叉口服务水平总体维持在D级左右。

基地周边区域支路路网不发达，现状道路体系缺乏层次性。周边地块的出入口多开设在主干路将军大道上，对主线交通存在一定程度的干扰。

基地周边公共交通线路条数较多，地区公交可达性较高，公交出行可得到较好保障。

4.3.4 基地周边道路网规划分析

基地周边道路网规划如表6所示，与现状比较后可知，主要道路网基本已建成。

表6 基地周边规划道路一览表

道路名称	道路等级	红线宽度/m	车道划分
将军大道	主干路	60	机非分行，机动车双向4车道
佛城西路	主干路	40	机非分行，机动车双向4车道
康厚街	次干路	22	机非混行，双向4车道
城南二路	次干路	18	机非混行，双向4车道（将军大道东侧）
（规划道路）	支路	9	机非混行，双向2车道（基地西侧）

基地总体占地不大，但区位特殊，而周边道路网络（尤其是次干路和支路网）又不尽完善，基地与交通主要吸发方向（北向）的联系道路较少。将军大道和佛城西路是江宁区西部重要的城市主干路，同时也是承载基地出入交通的主要道路，基地出入口的设置对将军大道和佛城西路的交通秩序会产生一定影响。基地开发应尽量避免新增交通量对将军大道的冲击。随着基地周边次级道路网的健全，道路交通条件将逐步改善。

4.4 交通需求预测

4.4.1 基地吸引、发生交通量

根据南京市居民出行和吸引源交通调查统计数据，同时参考国内外其他城市建筑设施吸发交通量特征数据，综合分析计算并确定项目建设后的人流、车流发生与吸引交通量。

1）基地全日及高峰小时吸引、发生客流交通量

居民出行高峰小时一般为上学、上班等通勤出行的高峰时段，为7：00～8：00；而商业设施的高峰时段为节假日和休息日，通常在14：30～15：30。通过分析居住和商业设施的客流吸引、发生率，可计算得到基地的吸引、发生客流交通量（表7）。

表7 基地高峰小时客流量分析（单位：人次/h）

建筑性质	发生客流量	吸引客流量	总客流量
住宅与办公设施	1420～1510	440～530	1860～2040
商业设施	430～500	350～380	780～880

综合上述不同性质建筑的客流特征，判断早高峰产生的流量对基地周边交通影响较大，故确定基地的综合高峰时段为早高峰7：00～8：00，基地综合高峰小时的总客流量为2600~2800人次/h。

2）基地高峰小时机动车发生、吸引量分析

由于基地内不同性质的建筑混合布局，高峰小时存在错位，因此取综合高峰值，基地机动车发生、吸引量如表8所示。

表8 基地高峰小时机动车发生、吸引量分析（单位：pcu/h）

建筑性质	发生量	吸引量	总量
综合	188～266	65～75	253～300

根据居民出行调查和吸引源调查，结合基地所处区位，分析基地出行人群的出发地、目的地特征，确定基地高峰小时机动车发生、吸引OD分布比例，判定东北方向占70%，东南方向占15%，西南方向占5%，西北方向占10%。

4.4.2　基地周边道路交通量预测

背景交通量：目标年基地周边道路机动车交通量由近期交通规划产生的机动车交通量外推得到，基地附近主要道路机动车交通量如表9所示。

新增交通量：根据目标年规划的城市道路网络，通过容量限制的交通分配算法，得到基地周边各路段、交叉口因基地吸引而新增的机动车交通量如表9所示。

综合考虑背景交通量与新增交通量，得到目标年基地周边道路总交通量、服务水平和饱和度（表9）。

表9　目标年基地周边主要道路各类交通量、服务水平和饱和度分析

道路名称	背景交通量（pcu/h）	新增交通量（pcu/h）	增加比例	目标年交通量（pcu/h）	前方交叉口饱和度	服务水平
将军大道	2650	340	12.8%	2990	1.09	F
佛城西路	850	40	4.7%	890	0.84	D
康厚街	200	20	10.0%	220	0.33	B

根据上述预测，基地高峰小时吸发机动车交通量占周边主要道路交通量比例较高。基地建成后所诱发的交通量会进一步增加道路网的负担，当吸发交通量占据过高比例后，道路通行能力的富余空间较小，未来周边道路将运行在较低服务水平上。必须采取系统分流措施或进行交通需求管理，否则基地周边地区的交通运行可靠性将难以保障。

4.4.3　基地停车需求初步估算

根据目前基地的定位，住宅建成后，每日的吸发客流量与车流量较大。未来较高的小汽车通勤出行比例将会给基地带来较高的内部停车需求。根据《南京市建筑物配建停车设施配置标准》，基地机动车需设置的停车位数量如表10所示。

表10　基地停车需求预测表

建筑性质	建筑面积 m²	机动车位/万 m²建筑面积	非机动车位/万 m²建筑面积	机动车泊位/个	非机动车泊位/个
住宅	1098 户	0.3 车位/户	1.8 车位/户	330	1976
商业设施	3263	80	600	24	192
办公建筑	1894	50	400	10	75
总计	73248.75	—	—	360	2200

根据上述预测，远期在公交系统及配套设施较为完善的前提下，预测基地机动车泊位总共约需360个，建议基地按照预测结论配置相应数量的停车位，基地地上、地下停车位按照基地建筑功能分区设置。由于基地建筑主要为住宅，基地非机动车出行比例相对较高，非机动车停

车泊位设置应不低于2000个，约需占地3000m²。另外，为满足商业装卸货物的要求，建议在基地东侧设置1或2个装卸车位。

4.5 基地交通影响评估

JQ大厦设计方案中利用将军大道和佛城西路作为地块边界组织内部交通，基地内部道路规划宽度为6m。从区域视角看，其交通组织与周边道路网存在一定冲突，因此应进一步明确基地内部和外部道路功能，慎重确定道路空间尺度，更合理地组织人流和车流。

4.5.1 基地出入口设计及影响评估

设计方案在将军大道和佛城西路上各设置一个机动车出入口，直接通过将军大道和佛城西路进行集散，非机动车出入口、行人出入口同机动车出入口。基地出入口与不同交通流之间存在一定的干扰。

交通影响评估如下。

（1）机动车出入：将军大道和佛城西路均为城市主干路，且基地出入口离交叉口较近，基地出入车流对两条主干路的主线交通均存在一定干扰。建议加强对两个出入口交通组织的优化改善。

（2）非机动车出入：由于与机动车共用出入口，故非机动车出入车流与机动车车流存在一定的干扰。

（3）行人出入：由于与机动车共用出入口，人流集散场所较小，人流与机动车出入车流相互干扰，存在一定的安全隐患。

4.5.2 基地停车设施设计及影响评估

设计方案共在基地内部设置了机动车停车泊位360个，其中地下停车位299个，地面停车位61个。基地地下车库和地面均配置相应的非机动车停车位，共计2181个。

交通影响评估如下：

（1）机动车停车设置在地下停车库可减少对地面环境的影响，与停车需求预测相比，原设计方案中设置的机动车停车位数量基本满足要求。

（2）基地地下设置非机动车停车库，另在地面也设置少量住户用非机动车停车位，基本可满足基地非机动车停车需求。建议在商业建筑东面设置一定数量的非机动车停车位，满足不同性质非机动车流分区停放的需求。

4.5.3 基地内部交通流线设计及影响评估

基地不同性质人流、不同方向车流流线复杂，未实现人流、车流相互分离，交通流线组织不理想，有待改善。

4.5.4 基地对周边交通的影响评估

从客流、车流预测结果和基地周边交通设施情况来看，基地未来对周边地区交通将产生一定程度的影响。由于区位特殊，基地车流的出入很大程度上制约于将军大道和佛城西路的交通状况。反过来，若基地的交通出入组织不当，又将对周边道路车流产生巨大干扰。

因此，基地在进行交通组织时必须结合周边地块开发和路网规划进行系统考虑，最大限度满足周边道路交通和基地自身交通设施的正常运行要求。

4.6 交通组织与交通设施改善建议

从基地周边的交通需求状况来看，现状规划的道路网基本能匹配地区的总体开发规模，但现状基地周边道路交通配套设施不够完善，因此近期需通过相应的交通组织、管理措施实现地区交通的畅通运行。

4.6.1 交通组织原则

交通组织原则包括不同方式交通流的空间分离；最大限度发挥交通设施的作用；减少交通出行时间，提高基地交通效率；避免基地交通对主线交通的影响；动、静态交通协调平衡；鼓励公交出行，方便交通换乘。

4.6.2 基地交通组织方案（图9、图10）

（1）机动车出入口：原方案设计中的机动车出入口基本合理，出入口宽7m能满足车行需要，建议2个出入口均设置为右进右出的出入口，以减少对周边主干路交通的干扰。

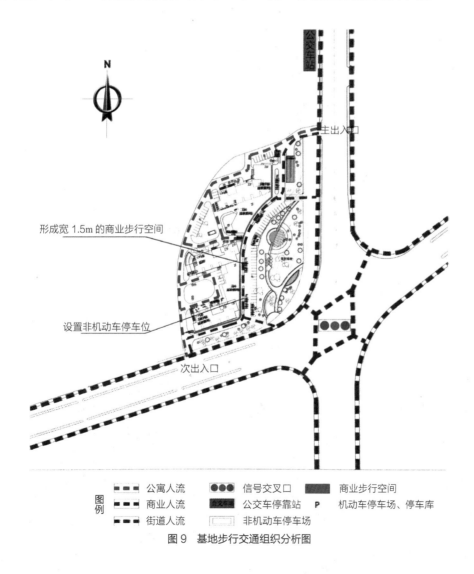

图9 基地步行交通组织分析图

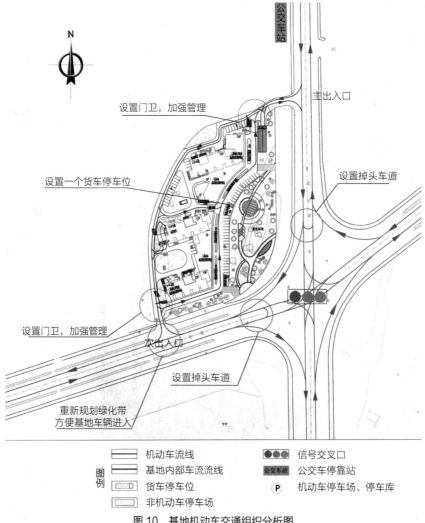

图10 基地机动车交通组织分析图

（2）非机动车出入口：与机动车出入口合用，建议采取相应的管理措施以减少和避免机非干扰。

（3）步行交通：原方案设计中的行人出入口和客流流线基本满足基地使用要求，但应注意商场购物人流集散与公寓人流的关系，应进行有效的人、车分流，建议沿商业建筑东侧设置不少于1.5m宽的步行空间，并结合基地东侧交叉路口现状绿地设置人流集散通道。

（4）内部车流流线：基地内部设置为逆时针的交通流，同时设置门卫，加强管理，禁止商业机动车辆进入小区内部。小区西侧道路宽6m，设置为双向2车道；基地东侧道路6m，设置为由南向北的单行线，中部消防通道宽4m，组织逆时针流线，方便消防车进入。

（5）非机动车静态交通：根据基地建筑功能组织非机动车停车空间，建议居住和商业、办公设施的非机动车分区停放，避免不同性质的非机动车流相互干扰。

（6）装卸车位：建议在基地东侧设置1或2个装卸货车位，并提供一定的装卸货物空间，同时，建议基地白天禁止装卸货车的出入与作业。

（7）道路改造措施：建议重新规划佛城西路绿化带，保证基地南部出入口的运行；在将军大道—佛城西路交叉口西进口、北进口各设置1个掉头标志，保证基地车辆出入方便。

（8）交通标志、标线：基地建成时，在基地出入口设置相应禁止左转、让路、减速标识，以控制车辆安全进出基地。

（9）交通管理：为保障基地周边交通合理有序运行，应在基地各出入口配置数名疏导交通的保安、协警，协管基地出入交通；在特殊日（如商场活动期间），须采取交通管制手段，进行基地交通的疏解和管理，保障周边道路正常通行。

4.6.3 交通组织评价

（1）建议交通组织方案结合周边道路网和地块开发协调组织基地机动车的进出交通，尽管协调存在一定难度，但对基地内、外交通的良好运行最为有利；上述方案为研究范围内的各种交通方式提供了较好的出行环境，有利于提高基地及周围地区的交通可达性。

（2）基地机动车出入口的合理设置以及人、车分流设计可避免可能产生的交通冲突与拥挤，建议基地根据协调情况最后确定出入口的设置方案，针对各种出入口设置的交通组织措施能最大限度地减轻对干路的交通影响。

（3）基地行人步行系统通过步行广场和斑马线及人行专用通道的设置，可满足基地吸引客流的出行安全、便捷需求。

（4）对基地周边路段与交叉口的分析显示，在选择合理的道路改造措施和交通组织后，基地开发后的道路网运行服务水平在可接受范围内。

（5）基地的停车设施满足基地的使用要求，可调整方案使非机动车停车更为方便合理，使商业货物的卸货场地得以保障。

（6）甲方如有其他设计方案，若开发规模、功能等指标均变化不大，其交通影响与组织方案与本项目类似。

4.7 交通影响分析的结论与建议

4.7.1 周边道路网改善

（1）将军大道：主干路，道路红线规划60m，机非分行，机动车双向4车道。

（2）佛城西路：主干路，道路红线规划40m，机非分行，机动车双向4车道，建议重新规划佛城西路绿化带，保证基地南部出入口的正常运行。

（3）康厚街：次干路，道路红线规划22m，机非混行，双向4车道。

（4）城南二路：次干路，位于将军大道以东、机场高速西侧，道路红线规划18m，机非混行，双向4车道。

（5）规划道路：支路，位于基地西侧，道路红线规划9m，机非混行，双向2车道。

（6）交叉口渠化：在将军大道—佛城西路交叉口北进口和西进口分别设置掉头标志，方便基地车辆出入。

4.7.2 基地交通组织改善

（1）基地出入口：基地分别沿将军大道和佛城西路各设置1个机动车出入口，同时为基地中住宅、办公、商业用机动车服务，将军大道出入口为主出入口，佛城西路出入口为次出入口，均设置为右进右出的出入口。

（2）货车停车位：建议在基地东侧设置1或2个装卸货车位，提供一定的装卸空间，同时建议基地白天禁止装卸货车出入与作业。

（3）步行交通：建议结合基地东侧交叉口现状绿地设置人流集散通道，有效实现人、车分流，同时沿商业建筑东侧设置不少于1.5m宽的步行空间。

（4）非机动车交通：根据基地建筑功能组织非机动车停车空间，居住和商业、办公的非机动车分区停放，避免不同性质的非机动车流相互干扰。

（5）机动车交通：基地内部设置为逆时针的交通流，同时设置门卫加强管理，禁止商业机动车辆进入住宅区内部。基地西侧道路宽6m，设置为双向2车道；东侧道路宽6m，设置为由南向北的单行线；中部消防通道宽4m，组织逆时针流线，方便消防车进入。

4.7.3 基地停车设施

（1）机动车停车位：建议基地按预测停车需求配置相应数量的停车位，总泊位数不低于360个，其中在基地东侧集中布置1或2个装卸车位。

（2）非机动车停车位：建议基地配建的非机动车总泊位数不低于2000个，建议非机动车停车空间整体协调、合理分区，为住户、顾客和职工分别提供非机动车停放区域。

4.7.4 交通标志与管理

（1）交通标志与标线：在基地周边的各条道路与通道规划设置道路标线（包括行人过街斑马线）。基地建成的同时，在基地出入口设置相应禁左、让路、减速标识，以控制车辆安全进出基地。

（2）交通管理：为保障基地周边交通合理有序运行，应在基地各出入口配置数名疏导交通的保安、协警，协管基地出入交通。特殊日（如商场活动期间）须采取相应交通管制手段，对基地交通进行疏解，保障周边道路的正常通行。

5 实践作业：城市某重要公共建筑（群）或居住建筑（群）建设项目交通影响分析

请选择你所在城市的某个已完成规划设计方案的建设项目（可通过规划建筑设计院提供详细的设计图纸和文本，也可在城市规划、建设管理部门的相关项目公示网站上寻找详细资料），厘清项目性质及相关技术经济指标。根据项目性质、所处区位等特征划定合理的建设项目交通影响分析的研究范围和影响范围，对建设项目（基地）周边的道路交通设施进行详尽的现状调研，并进行现状交通的综合评价。利用该城市的居民出行和吸引源交通调查数据，进行交通需求预测分析，在此基础上对基地出入口、停车设施、内部与周边交通组织等方面进行交通系统的全面评估。最后，提出交通组织的改善对策（方案），并对所提出的方案进行交通组织评价，形成最终结论与建议。

本实践的主要成果要求如下：

（1）建设项目（基地）的区位、项目性质、技术经济指标等的分析。

（2）划定交通影响分析的研究范围与影响范围，确定评价的年限。

（3）现状交通调查与分析（含周边道路交通设施、交叉口形式与流量流向、现状交通综合评价等）。

（4）交通需求预测（含基地吸发客流交通量、基地周边道路背景交通量与新增交通量、基地停车需求等）。

（5）交通影响评估（含基地出入口、停车设施、内部交通组织、周边交通组织等的设计及影响评估）。

（6）交通组织原则、交通组织方案与交通组织评价。

（7）交通影响分析的结论与建议。

作业完成时间为2.5周，成果以《××建设项目交通影响分析报告》形式提交，报告中的相关图纸采用机绘，图纸精度在200dpi以上，报告版面可自由设计，成果要求以*.doc报告形式和*.ppt汇报稿形式各1份提交。

参考文献

[1] 徐循初，汤宇卿. 城市道路与交通规划（上册）[M]. 北京：中国建筑工业出版社，2005.

[2] 徐循初，黄建中. 城市道路与交通规划（下册）[M]. 北京：中国建筑工业出版社，2007.

[3] 徐家钰，程家驹. 道路工程（第2版）[M]. 上海：同济大学出版社，2004.

[4] 徐立群，吴聪，杨兆升. 信号交叉口通行能力计算方法[J]. 交通运输工程学报，2001(1)：82-85.

[5] 李和平，李浩. 城市规划社会调查方法[M]. 北京：中国建筑工业出版社，2004.

[6] 风笑天. 现代社会调查方法[M]. 武汉：华中科技大学出版社，2009.

[7] 黄昭雄. 大都市区空间结构与可持续交通[M]. 北京：中国建筑工业出版社，2012.

[8] 张泉，黄富民，曹国华，等. 城市停车设施规划[M]. 北京：中国建筑工业出版社，2009.

[9] 中华人民共和国建设部. 城市道路交通规划设计规范（GB 50225—95）[M]. 北京：中国建筑工业出版社，1995.

[10] Vukan R.Vuchic. Urban Transit： Operations，Planning and Economics[M]. John Wiley & Sons，Inc. 2005.

[11] 龚迪嘉，郑柳梛. 夜班公交规划、运营与管理——以金华市为例[J]. 城市公共交通，2014(6)：37-41.

[12] 龚迪嘉. 中型城市的低成本绿色交通发展战略——以浙江省为例[J]. 交通企业管理，2013(12)：19-21.

[13] 龚迪嘉. 城市中心型铁路车站地区更新开发的多元目标与规划策略[J]. 城市管理与科技，2013(2)：32-35.

[14] 罗仁坚. 运输枢纽与通道布局规划的关系及其分类[J]. 综合运输，2005(6)：19-20，24.

[15] 戴帅，程颖，盛志前. 高铁时代的城市交通规划[M]. 北京：中国建筑工业出版社，2011.

[16] 何小洲，过秀成，杨涛，等. 基于换乘空间的高铁枢组换乘设施布局方法[J]. 现代城市研究，2014(4)：97-102.

[17] 南京市城市与交通规划设计研究院有限责任公司. 昆山铁路南站枢组交通规划、系统组织与道路交通工程设计[R]. 2009.

[18] 龚迪嘉，朱忠东. 长三角城际快轨车站地区规划设计方法研究[C]//. 生态文明视角下的城乡规划：2008中国城市规划年会论文集. 2008.

[19] 陆化普. 城市交通规划与管理[M]. 北京：中国城市出版社，2012.

[20] 过秀成. 交通工程案例[M]. 北京：中国铁道出版社，2009.

[21] 杨晓光，白玉，马万经，等. 交通设计[M]. 北京：人民交通出版社，2010.

[22] 龚迪嘉，朱忠东. 城市公共自行车交通系统实施机制[J]. 城市交通，2008(6)：27-32.

[23] 龚迪嘉. 公共自行车交通系统在上海和长沙的应用机制研究[D]. 长沙：湖南大学，2009.

[24] 长沙市气象局. 湖南省长沙地区中小尺度气象自动站气象信息直方图[EB/OL]. http：//

www.csqx.com

[25] 长沙市交通年度报告编委会. 2012长沙市交通状况年度报告[R]. 2013.

[26] 蔡云楠，方正兴，李洪斌，等. 绿道规划：理念·标准·实践[M]. 北京：科学出版社，2013.

[27] Karel Martens. Promoting bike-and-ride: The Dutch experience[J]. Transportation Research Part A, 2007 (41): 326-328.

[28] Paul Schimek. The Dilemmas of Bicycle Planning: Massachusetts Institute of Technology，Master of Urban Studies and Planning. Toronto, Ontario, Canada: Association of Collegiate Schools of Planning (ACSP) and Association of European Schools of Planning (AESOP), Joint International Congress.1996.

[29] 郑连勇. 城市交通影响评价[M]. 北京：中国建筑工业出版社，2006.

[30] 南京市交通规划研究所有限责任公司. 佳祺大厦交通影响分析[R].2009.

后 记

　　作为城乡规划专业的核心课程之一，"城市道路与交通规划"讲授的是该专业学生所必备的专业基础知识与基本技能，亦是后续城乡规划、设计、管理类等课程学习的基础。城乡规划作为一门工程实践性很强的学科，在教学中将理论与实践相结合，其意义不言而喻。及时地编著一本城市道路与交通规划的课程实践指导手册，相信定会提升该课程的教学效果，从而对道路交通规划设计人才的实践能力的培养起到促进作用。

　　已过而立之年的我，虽然有着"城市道路与交通规划"课程的多年教学经验，但本书的编著并不轻松，从筹备编著本书到完稿整整经历了2年时间。在不断进行教学反思和经验总结的基础上，本人在编书过程中力求基本概念的科学规范，力图对实践内容进行精心取舍，在语言表达方式上也尽量做到简明易懂。尽管本人已竭尽全力，反复推敲，但由于水平有限，书中仍难免会存在一些缺陷，真诚欢迎广大读者批评指正，以便将来不断修订提高。

　　在本书出版之际，首先要感谢在我大学期间曾经任教城市道路与交通课程的潘海啸教授、刘冰副教授、汤宇卿副教授，是你们严谨治学、一丝不苟的工作作风和严格要求、勤勉敦促的教学态度，使我能在城市道路与交通规划领域略有造诣。其次要感谢浙江师范大学城乡规划系的各位同事，在我任教该课程的多年时间里提出了很多宝贵的意见和建议，促使我将这门主讲课程讲得更加精彩。

　　书中的部分图纸由我的学生柯淑瑾绘制，在此对她的无私帮助表示衷心感谢！

　　感谢世界交通研究会执行委员、法国动态城市基金会中国教席负责人、同济大学城市规划系教授潘海啸先生，在百忙之中为本书作序。

　　感谢中国建筑工业出版社的焦扬编辑，她在本书的选题和编著过程中给予了我大量帮助和鼓励，使本书的出版更加顺利！

　　最后还要感谢我的家人和朋友，书稿的完成离不开你们的悉心关怀和默默支持。

　　我愿以此书来答谢教导过我的各位师长和给予我热情帮助的所有同行，并将它奉献给热心城乡规划教育事业的全体教师以及渴望为中国未来城乡交通规划贡献自己力量的广大学生！

龚迪嘉

2014年8月21日

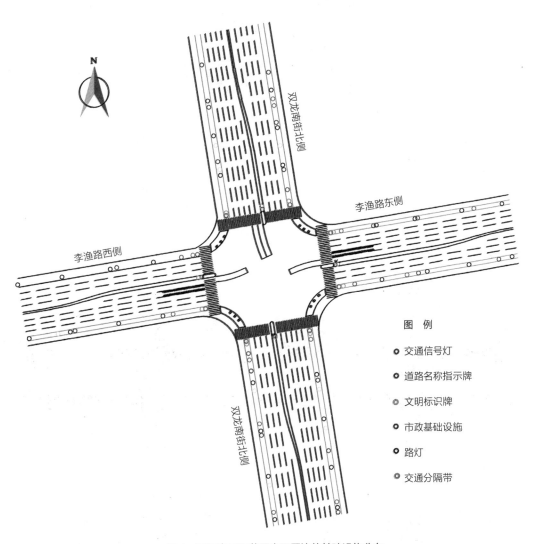

图4　调研交叉口范围内及周边的基础设施分布

注：上图对应实践2的图4，相关内容见本书23页。

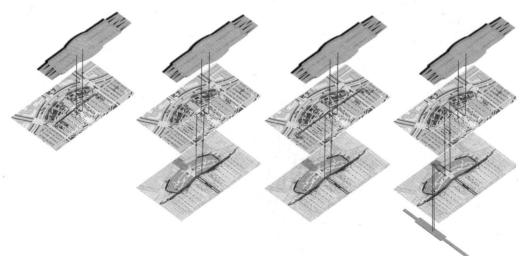

（a）城际铁路与公交/BRT换乘 （b）城际铁路与出租车换乘 （c）城际铁路与社会车辆换乘 （d）城际铁路与市内轨道交通换乘

图12 昆山南站枢纽内部多模式交通换乘流线分析
（蓝色为出城际铁路车站流线、红色为进城际铁路车站流线）

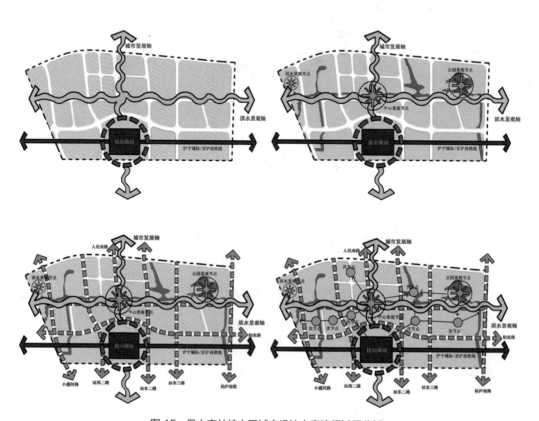

图15 昆山南站核心区城市设计方案演绎过程分析

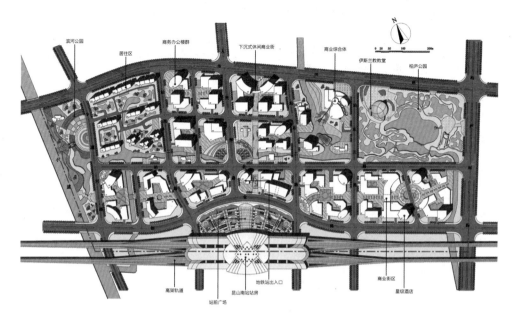

图16　昆山南站核心区概念性城市设计方案总平面图

注：以上三图对应实践7的图12、图15、图16，相关内容见本书134~136页。

图8　长沙市坪浦组团公共自行车租车站分类与布局规划

注：上图对应实践8的图8，相关内容见本书154页。